10kV及以下配电网工程项目部标准化管理（2022年版）

施工项目部

国网山东省电力公司 编

中国电力出版社
CHINA ELECTRIC POWER PRESS

内 容 提 要

为总结 10kV 及以下配电网工程业主、监理、施工项目部最新标准化建设及运作经验，国网山东省电力公司依据国家现行法律法规，以及国家、行业和国家电网有限公司规程规范，并结合国家电网有限公司对 10kV 及以下配电网工程项目部标准化管理相关要求，在 2019 年出版的《10kV 及以下配电网工程项目部标准化管理》丛书的基础上，经过广泛征求各单位意见修编完成本丛书。

本丛书分别从项目部设置、项目管理、安全管理、质量管理、造价管理及技术管理等方面进行描述，内容简洁实用、工作流程易于操作。同时，本丛书附录部分收录了业主、监理、施工项目部常用的标准化管理模板和相关专业管理依据。

本丛书可供 10kV 及以下配电网工程业主、监理、施工项目部工作及管理人员使用。

图书在版编目（CIP）数据

10kV 及以下配电网工程项目部标准化管理：2022 年版．施工项目部 / 国网山东省电力公司编．— 北京：中国电力出版社，2022.12（2023.3重印）

ISBN 978-7-5198-5988-6

Ⅰ．①1… Ⅱ．①国… Ⅲ．①配电系统－电力工程－工程施工－标准化管理－中国 Ⅳ．①TM7

中国版本图书馆 CIP 数据核字（2022）第 227477 号

出版发行：中国电力出版社
地　　址：北京市东城区北京站西街 19 号（邮政编码 100005）
网　　址：http：//www.cepp.sgcc.com.cn
责任编辑：肖　敏（010-63412363）
责任校对：黄　蓓　朱丽芳
装帧设计：郝晓燕
责任印制：石　雷

印　　刷：三河市万龙印装有限公司
版　　次：2022 年 12 月第一版
印　　次：2023 年 3 月北京第二次印刷
开　　本：787 毫米 ×1092 毫米　16 开本
印　　张：9.5
字　　数：231 千字
印　　数：8001—8500 册
定　　价：45.00 元

编委会

编写组

编制说明

《10kV 及以下配电网工程项目部标准化管理（2022 年版） 施工项目部》是依据国家现行法律法规，以及国家、行业和国家电网有限公司（简称“国网公司”）规程规范，结合国网公司管理通用制度，在 2019 年出版的《10kV 及以下配电网工程项目部标准化管理 施工项目部》的基础上，总结国网山东省电力公司（以下简称“国网山东电力”）系统施工项目部标准化建设及运作经验，经过广泛征求各单位意见修编而成。

本书根据 10kV 及以下配电网工程（简称“配电网工程”）建设特点，按照管理内容简单实用、工作流程易于操作的原则进行编制，优化统一了施工项目部管理模式，明确了标准化建设要求。本书主要有四大特点：①进一步总结提炼了配电网施工工作管理经验，根据配电网工程施工服务特点，将施工项目部与业主项目部、监理项目部标准化工作要素紧密结合；②将《国家电网有限公司 10（20）千伏及以下配电网工程施工项目部标准化管理手册》相关内容融合到本书中，并将“国网公司加大安全生产违章惩处力度”的相关要求融合到本书中；③按五大专业管理架构，对相关内容、流程进行优化、完善，突出重要流程和重要控制内容；④将管理资源按照工程实际需求合理配置，突出施工项目部的控制重点。

本书正文主要包括以下两方面内容：

（1）施工项目部设置。明确了施工项目部的定位、组建原则、人员配置、任职资格及条件、设备配置及要求；明确了施工项目部工作职责及各岗位职责，以及施工项目部重点工作与关键管控节点。

（2）专业管理要求。明确了施工项目部项目管理、安全管理、质量管理、造价管理和技术管理五个专业的管理工作内容与方法、管理流程和管理依据。

1）管理工作内容与方法。明确了施工项目部主要工作内容和基本方法，并标注了完成各项工作所采用标准化管理模板的编号，附录 C 中收录了施工项目部标准化管理模板。

2）管理流程。明确了施工项目部各专业管理重要单项业务的工作流程。

3）管理依据。在附录 B 中标注了施工项目部各项工作所依据的国家、行业、国网公司、国网山东电力的有关法律法规、管理制度、技术标准等。

本书还对有关名词术语进行了统一解释，详见附录 A。

本书相关使用说明如下：

（1）本书工作模板主要规范 10kV 及以下配电网架空线路、电缆线路、开关站、台区等各专业工作管理过程中主要模板的格式、内容，自印发之日起在国网山东电力系统 10kV 及以下配电网建设中统一执行。

（2）工程建设相关的表式分业主、监理、施工三个模板。本书仅针对施工项目部发起并填写的表式进行整理归类，由业主、监理项目部发起并填写的表式参见《10kV 及以下配电网工程项目部建设标准化管理（2022 年版） 业主项目部》《10kV 及以下配电网工程项目部建设标准化管理（2022 年版） 监理项目部》模板。

（3）施工管理模板代码的命名规则："PSSZ"代表"配电网工程施工项目部设置"模板；"PSXM"代表"配电网工程施工项目管理"模板；"PSAQ"代表"配电网工程施工安全管理"模板；"PSZL"代表"配电网工程施工质量管理"模板；"PSZJ"代表"配电网工程施工造价管理"模板；"PSJS"代表"配电网工程施工技术管理"模板。

（4）施工管理模板的编号原则如下：

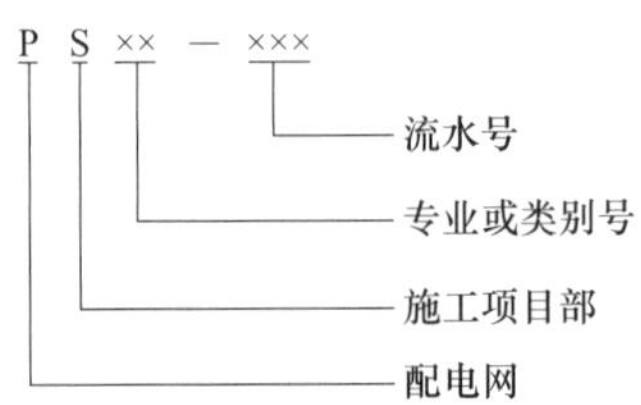

1）专业或类别号用来区分不同专业或专项里的同一种资料，用拼音首字母大写表述（如 SZ 代表设置、XM 代表项目、AQ 代表安全、ZL 代表质量等）。

2）流水号用来区分同一类模板，统一用 3 位数字填写，按形成的先后顺序编号，第 1 份为 001，第 2 份为 002，依此类推。

（5）表式内容填写总使用说明。

1）工程名称：以施工图设计文件名为准。

2）管理模板中施工项目部名称以施工项目部公章为准。除按填写、使用说明要求盖公司印章外，其他所有需要盖公章的，一律盖施工项目部公章。报审表中业主项目部审批意见栏经业主项目部项目经理审核签字，加盖业主项目部公章。需建设管理单位负责人签字的，加盖建设管理单位公章。

3）模板中施工项目部填写内容部分采用打印方式，监理项目部审查意见、业主项目部审查意见采用手写方式。

4）模板中所有姓名、日期的签署采用手写方式。业主、监理项目部审查意见如果在栏内写不下，可附页，并注明"具体意见附后"字样。附页内容采用打印方式，并手写签署姓名、日期，加盖项目部公章。

5）施工现场使用管理模板时，不需要打印各模板左上方代码字段和下方的填写、使用说明字段。

本书相关内容若与上级最新有关要求和制度相悖，以上级要求和制度为准。

本书自印发之日起执行，原 2019 年版停止使用。

目　录

1 施工项目部设置

1.1 机构组建

1.1.1 定位

施工项目部是指由施工单位（项目承包人）成立并派驻施工现场，代表施工单位履行施工承包合同的项目管理组织机构。施工项目部依据有关法律法规，通过施工力量组织、建设环境协调、物资准备、施工图交底确认等方式，对项目施工安全、质量、进度、造价、技术等实施现场管理，推动工程按施工计划实施，在保证安全、质量、合理、环保、经济的前提下，按合同约定完成各项建设目标。

施工项目部与业主项目部之间是代表双方合同主体履行合同关系，依据施工承包合同履行双方的权利和义务；施工项目部接受业主项目部的指导、监督和考核。

施工项目部与监理项目部之间是被监理与监理的关系，依据有关要求，施工项目部在工程实施中接受监理项目部的“控制、管理、协调”。

1.1.2 组建原则

配电网工程必须组建施工项目部。根据施工合同约定的服务内容、服务期限、工程特点、规模、技术复杂程度等因素，施工单位以管控到位为前提，组建相应数量的施工项目部。

1.1.3 组建方式

施工单位应在工程项目启动前根据已签订的施工合同，按以下方式组建施工项目部：

（1）批次中标的以单个施工合同为依据组建施工项目部。

（2）框架中标的以下达项目框架应用合同为依据组建施工项目部，按工作承载力，单个施工项目部管理线路工程路径长度 / 台区数量不得超过 50km/100 个（或同等工程量）。

（3）国家专项资金工程应遵循相关资金使用要求单独成立施工项目部。

（4）具有重大政治意义的工程可按照上述第（1）、（2）条原则单独成立施工项目部。

施工项目部应以通知文件（见附录 C 中 PSSZ001）形式任命项目经理及其他主要管理人员，并报送业主、监理项目部。需调整项目经理时，应按照合同规定书面报建设管理单位批准，办理变更手续，并报送业主、监理项目部备案。

项目部经理、安全员、技术员等关键人员在项目现场建设任务完成后，在不耽误履行本项目部工作职责的前提下，可到其他项目部担任其他职务。

1.2 资源配置

1.2.1 人员配置

施工项目部应按照投标承诺配置项目经理、安全员、技术员、质检员、造价管理员、信息资料员、材料员、施工协调员等管理人员，一个项目部原则上不宜少于 5 人。

项目经理应具备良好综合管理能力、相关专业知识、工程实践经验和协调沟通能力，并熟悉计算机操作。其他人员由具备专业管理能力和工程实践经验的人员担任。施工项目部人员任职条件见表 1–1。

表 1–1 施工项目部人员任职条件

岗位	岗位性质	兼任要求	任职条件
项目经理	关键	专职	取得相应的建造师注册证书；取得省级住房和城乡建设主管部门颁发的安全生产考核合格证 B 证
安全员	关键	专职	取得省级住房和城乡建设主管部门颁发的安全生产考核合格证 B 证
技术员	关键	专职	具有初级及以上技术职称或中级及以上技能等级，具有 2 年及以上同类型配电网工程施工技术管理工作经历
信息资料员	重要	专职	具有配电网工程施工资料及信息管理工作经历
质检员	重要	兼职	持有电力质量监督部门颁发的相应质量培训合格证书，具有 2 年及以上配电网工程施工质量管理工作经历
造价管理员	重要	兼职	具有二级造价工程师及以上资格证书，具有配电网工程施工造价管理工作经历
材料员	一般	兼职	具有配电网工程施工物资管理工作经历
施工协调员	一般	兼职	熟悉国家、地方的相关法律法规，具有配电网工程现场管理工作经历，具有较强的组织协调能力

注 一人不得兼任超过两个岗位，项目经理和安全员不得兼任其他岗位；任职人员资格及配置不得低于投标承诺并应提供相关的执业证书及社保证明。

1.2.2 办公环境（标准化建设）

1. 场所设置

施工项目部应有固定的、相对独立的办公场所，需设置独立的会议室，室内办公设施齐全，布置应规范整齐，办公设施实行定置化管理，设定置图。有条件的可设置材料设备堆放、加工等区域划分；材料堆放区满足项目建设物资存储需要，分区存放，重要设备存放区需配置通风、除湿等设施。

2. 设备配置

施工项目部应配备相应的交通、通信工具和办公设备，开通电话、办公网络（内、外网络），需配置满足工作需要的检测设备、工器具、个人防护用具（含疫情防护用品），并经检验合格，在有效期内使用。施工项目部标准化设备配置表见表 1–2。

表 1-2　　施工项目部标准化设备配置表

<table>
<tr><th>序号</th><th>名称</th><th>配备说明</th><th>必配 / 选配</th></tr>
<tr><td>一</td><td colspan="2">办公场所</td><td></td></tr>
<tr><td>1</td><td>办公室办公面积</td><td>＜ 6m²/ 人</td><td>必配</td></tr>
<tr><td>2</td><td>会议室</td><td>1 间（独立）</td><td>必配</td></tr>
<tr><td>二</td><td colspan="2">办公设施</td><td></td></tr>
<tr><td>1</td><td>办公桌椅</td><td rowspan="11">数量按实际需求配备</td><td>必配</td></tr>
<tr><td>2</td><td>资料柜</td><td>必配</td></tr>
<tr><td>3</td><td>办公计算机</td><td>必配</td></tr>
<tr><td>4</td><td>电话机</td><td>必配</td></tr>
<tr><td>5</td><td>打印机</td><td>必配</td></tr>
<tr><td>6</td><td>复印机</td><td>必配</td></tr>
<tr><td>7</td><td>传真机</td><td>选配</td></tr>
<tr><td>8</td><td>扫描仪</td><td>必配</td></tr>
<tr><td>9</td><td>投影仪</td><td>必配</td></tr>
<tr><td>10</td><td>数码相机</td><td>选配</td></tr>
<tr><td>11</td><td>执法记录仪</td><td>必配</td></tr>
<tr><td>二</td><td colspan="2">常规检测设备和工具</td><td></td></tr>
<tr><td>1</td><td>测距仪</td><td rowspan="5">现场配置，数量和型号应满足工程要求</td><td>必配</td></tr>
<tr><td>2</td><td>钢卷尺（5m）</td><td>必配</td></tr>
<tr><td>3</td><td>皮卷尺（50m）</td><td>必配</td></tr>
<tr><td>4</td><td>望远镜</td><td>必配</td></tr>
<tr><td>5</td><td>游标卡尺</td><td>选配</td></tr>
<tr><td>三</td><td>个人安全防护用品（含疫情防护用品和物资）</td><td rowspan="2">数量按实际需求配备</td><td>必配</td></tr>
<tr><td>四</td><td>车辆</td><td>必配</td></tr>
</table>

3. 上墙图板

办公场所宜按照项目管辖区域设置，设立项目部铭牌，在明显位置布置配电网工程现场安全风险防控措施宣传牌，主要包括生产现场作业“十不干”、配电网工程安全管理“十八项”禁令等。办公室需将组织机构牌、职责牌、应急联络牌设置上墙。可根据工程实际情况选择设置工程信息上墙图板，主要包括施工单位和工程项目概况牌（公示工程项目名称及工程简要情况介绍）、工程项目管理目标牌（明确本项目管理目标，主要包括安全、质量、工期、文明施工及环境保护等目标内容）、工程项目建设管理责任牌（公示本项目各参建单位及主要负责人等内容）、安全文明施工纪律牌（明确本项目安全文明施工主要要求）、工程施工进度横道图（见附录 F）。

4. 制度文件配置

施工项目部应配置满足工程施工需要的基本规程规范和标准（见附录 B）。在工程实施前，根据工程实际情况及施工合同要求进行补充、配备（配备相应的纸质版或电子版文件），并建立施工项目部标准执行清单，包含但不限于表 1–3 内容（详见附录 E）。同时对规范和标准实施动态管理，以保证在用标准为最新版本。

表 1–3　　施工项目部管理资料清单

<table>
<tr><th>序号</th><th>档案名称</th><th>档案资料类别</th><th>模板编号</th></tr>
<tr><td rowspan="2">1</td><td rowspan="2">标准规范文件</td><td>相关法律、法规，规范标准，上级文件</td><td></td></tr>
<tr><td>施工单位资质复印件</td><td></td></tr>
<tr><td rowspan="3">2</td><td rowspan="3">合同相关文件</td><td>中标通知书</td><td></td></tr>
<tr><td>项目施工合同（协议）</td><td></td></tr>
<tr><td>安全协议</td><td></td></tr>
<tr><td rowspan="4">3</td><td rowspan="4">组织机构文件</td><td>项目部组织机构成立文件</td><td></td></tr>
<tr><td>施工项目部管理人员报审表</td><td></td></tr>
<tr><td>人员资质证书复印件</td><td></td></tr>
<tr><td>施工项目部经理变更表</td><td></td></tr>
<tr><td rowspan="7">4</td><td rowspan="7">分包相关文件</td><td>分包计划申请表</td><td></td></tr>
<tr><td>施工分包申请表</td><td></td></tr>
<tr><td>分包协议</td><td></td></tr>
<tr><td>安全协议</td><td></td></tr>
<tr><td>分包单位考核评价表</td><td></td></tr>
<tr><td>项目管理实施规划及报审表</td><td></td></tr>
<tr><td>施工进度计划报审表</td><td></td></tr>
<tr><td rowspan="5">5</td><td rowspan="5">项目管理文件</td><td>会议纪要</td><td></td></tr>
<tr><td>工程总结</td><td></td></tr>
<tr><td>督导记录和通报</td><td></td></tr>
<tr><td>监理通知回复单</td><td></td></tr>
<tr><td>施工日志</td><td></td></tr>
<tr><td rowspan="3">6</td><td rowspan="3">施工过程记录</td><td>工作票、施工作业票</td><td></td></tr>
<tr><td>施工数码照片</td><td></td></tr>
<tr><td>安全、质量培训记录和相关影像资料</td><td></td></tr>
<tr><td>7</td><td>培训相关文件</td><td>安全考试登记台账（包含考试试卷及成绩）</td><td></td></tr>
<tr><td rowspan="5">8</td><td rowspan="5">施工机械物资台账</td><td>主要施工机械 / 工器具 / 安全防护用品报审表</td><td></td></tr>
<tr><td>安全工器具台账</td><td></td></tr>
<tr><td>劳动防护用具台账</td><td></td></tr>
<tr><td>施工机械台账</td><td></td></tr>
<tr><td>办公用品台账</td><td></td></tr>
<tr><td rowspan="2">9</td><td rowspan="2">图纸设计文件</td><td>通用图纸</td><td></td></tr>
<tr><td>设计联系单</td><td></td></tr>
</table>

续表

序号	档案名称	档案资料类别	模板编号
10	专项活动文件		
11	其他管理文件		
12	项目实施资料	参照单体工程档案资料目录整理	
		工程复工申请表	

5. 施工装备配置

施工项目部按基本配置标准要求，配置28类安全工器具和29类施工器具、机械装备、试验设备等，将绞磨机等小型施工机械、多功能施工车等新型机械作为标准配置。起重机、挖掘机等常规机械需要租赁时，应通过招标方式租赁。加强综合不停电作业和低压不停电作业装备配置，增加绝缘斗臂车、旁路作业车、绝缘平台、绝缘操作工具、低压旁路作业设备等成熟装备配置，推荐引进小型化移动箱变车等先进装备。

1.3 工作职责

施工项目部负责组织实施施工合同范围内的具体工作，执行有关法律法规及规章制度，对项目安全、质量、进度、造价、技术和劳务分包等实施过程管理。

（1）贯彻执行国家、行业、地方相关建设标准、规程和规范，落实国网公司、省公司各项建设管理制度，严格执行施工项目标准化建设各项要求。

（2）建立健全项目、安全、质量等管理网络，落实管理责任。

（3）编制项目管理策划文件，报监理项目部审查、业主项目部审批后实施。

（4）编制施工进度计划及停电需求计划，报送监理、业主项目部审批，并进行动态管理；编制物资需求计划，及时反馈物资供应情况。

（5）协调项目建设外部环境，配合办理工程施工许可手续，依法合规开展工程建设，重大问题及时报请监理、业主项目部协调。

（6）负责施工项目部人员及施工人员的安全、质量培训和教育，提供必需的安全防护用品和检测、计量设备。

（7）定期召开或参加工程例会、专题协调会，落实上级和安全生产委员会、业主项目部和监理项目部的管理工作要求，协调解决施工过程中出现的问题。

（8）负责制定分包计划，填写分包计划申请表（见附录C中PSXM014），并上报监理项目部审核、业主项目部审批；按分包协议约定组织分包单位开展培训工作，确保分包人员的施工安全、质量、进度和现场规范性。

（9）负责编制施工方案、安全技术措施或作业指导书，组织全体作业人员参加交底，并按规定在交底书上签字确认。

（10）开展施工风险识别、评估工作，制定预控措施，并在施工中落实。

（11）建立现场施工机械安全管理机制，配备施工机械管理人员，特种作业人员、特种设备操作人员具备相应资质。落实施工机械安全管理责任，对进入现场的施工机械和工器具的安全状况进行准入检查，监控施工过程中施工机械的安装、拆卸、重要吊装、关键工序作业，并负责组织施工队（班组）安全工器具的定期试验、送检工作。

（12）参与编制和执行现场应急处置方案，配置现场应急资源，开展应急教育培训和应急演练，执行应急报告制度。

（13）组织现场安全文明施工，按照《配电网安全文明施工标准（试行）》（鲁电运检〔2018〕268号）的相关要求开展工作。

（14）开展并参加各类安全检查，对存在的问题闭环整改，对重复发生的问题制定防范措施。

（15）组织施工图预检，参加设计交底及施工图会检，严格按图施工。

（16）严格执行《配电系统电气装置安装工程施工及验收规范》（DL/T 5759—2017）、《配电网施工检修工艺规范》（Q/GDW 742—2012）、典型设计等工程建设标准，全面应用标准工艺，采取有效手段严格控制施工全过程的质量和工艺。

（17）规范开展施工质量班组自检和项目部复检工作，配合各级质量检查、质量监督、质量验收等工作。

（18）报审工程资金使用计划，提交进度款申请，配合工程结算、审计以及财务稽核工作。

（19）按照项目部标准化管理要求，执行项目部人员、软硬件设备配置标准，及时、准确、完整填报本项目部涉及信息。应用配电网工程管理信息系统，及时完成项目相关数据录入和维护。

（20）负责施工档案资料的收集、整理、归档、移交工作。

（21）工程发生质量事件、安全事故时，按规定程序及时上报，同时参与并配合项目质量事件、安全事故的调查和处理工作。

（22）负责项目质保期内的保修工作；参与工程达标投产和创优工作。

（23）按照项目部标准化建设评价标准，规范项目部设置和运作，开展项目部运作自评价。

（24）监督分包单位，按时发放施工人员工资。使用农民工的，设立农民工工资（劳务费）专用账户，建立农民工工资支付台账，规范农民工工资支付。实行工程款与工资分离管理，专款专用，切实保障农民工劳动报酬权益。

1.4 岗位职责

1.4.1 项目经理

施工项目经理是施工现场管理的第一责任人，全面负责施工项目部各项管理工作。

（1）主持施工项目部工作，在授权范围内代表施工单位全面履行施工承包合同；对施工生产和组织调度实施全过程管理；确保工程施工顺利进行。

（2）组织建立相关施工责任制和各专业管理体系，组织落实各项管理组织和资源配备，并监督有效运行，负责项目部员工管理绩效的考核及奖惩。

（3）组织编制项目管理实施规划，并负责监督落实。

（4）组织制定施工进度、安全、质量及造价管理实施计划，实时掌握施工过程中安全、质量、进度、技术、造价、组织协调等总体情况。组织召开项目部工作例会，安排部署施工工作。

（5）对施工过程中的安全、质量、进度、技术、造价等管理要求执行情况进行检查、分析及组织纠偏。

（6）负责组织处理工程实施和检查中出现的重大问题，制定预防措施。如遇特殊困难及时提请有关方协调解决。

（7）合理安排项目资金使用；落实安全文明施工费使用。

（8）负责组织落实安全文明施工、职业健康和环境保护有关要求；负责组织对重要工序、危险作业和特殊作业项目开工前的安全文明施工条件进行检查并签证确认。

（9）负责组织对分包商进场条件进行检查，对劳务分包队伍实行全过程安全管理。

（10）负责组织工程班组自检、项目部复检和质量评定工作，配合公司级专检、中间验收和竣工验收工作，并及时组织对相关问题进行闭环整改。

（11）参与并配合工程安全事件和质量事件的调查处理工作。

（12）负责协调施工单位按时发放劳务分包人员（含农民工）工资。

（13）项目投产后，组织对项目管理工作进行总结；配合审计工作，安排项目部解散后的收尾工作。

（14）负责项目质保期内的保修工作；负责配合工程达标投产。

（15）负责项目部标准化建设和工程创优工作

1.4.2 技术员

技术员协助项目经理负责项目施工技术管理等工作，负责落实业主、监理项目部对工程技术方面的有关要求。

（1）贯彻执行国家法律、法规、规程、规范和国网公司通用制度。

（2）熟悉有关设计文件，及时提出设计文件存在的问题。协助项目经理做好设计变更的现场执行及闭环管理。

（3）参与编写项目管理实施规划，并负责监督实施。

（4）编制施工进度计划并监督落实，编制技术培训计划并组织实施。

（5）组织施工图预检，参加业主项目部组织的设计交底及施工图会检。对施工图纸和设计变更的执行有效性负责，对施工图纸中存在的问题，及时提交设计变更联系单并报设计单位。

（6）组织编写施工方案和安全技术措施，并组织内部审查或专家论证。重大停电、线路“三跨”、深基坑开挖、设备吊装、邻近带电体施工作业等应编制专项施工方案和安全技术措施。负责组织安全技术交底，监督检查施工技术方案中技术措施的准备和落实情况，负责对施工方案进行技术经济分析与评价。

（7）在施工过程中随时对施工现场进行检查和提供技术指导，存在问题或隐患时，及时提出技术解决和防范措施。

（8）负责组织施工班组和专业分包队伍做好施工过程中的施工记录和签证。

（9）参与审查施工作业票，并按要求签发。

（10）组织对项目全员进行技术及环保等相关法律、法规及其他要求的培训工作。

（11）负责施工新工艺、新技术的研究、试验、应用及总结。

1.4.3 安全员

安全员协助项目经理负责施工过程中的安全管理和安全文明施工工作。

（1）贯彻执行工程安全管理有关法律、法规、规程、规范和国网公司、省公司通用制度，参与策划文件安全部分的编制并指导实施。

（2）负责编制施工安全管理及风险控制方案等管理策划文件，并负责监督落实。

（3）负责组织开展项目部安全活动并按实际情况做好记录。负责施工人员的安全教育和上岗培训；汇总审核特种作业人员资质信息，并报监理项目部审查。

（4）参与施工作业票、工作票审查，协助技术员审核施工方案的安全技术措施，参加安全交底，检查施工过程中安全技术措施的落实情况。

（5）负责编制安全防护用品（含防疫用品）和安全工器具的需求计划，建立项目安全管理台账（见附录C中PSAQ003）。

（6）审查施工人员及劳务分包人员进出场工作，检查专业分包队伍进出场及作业现场安全措施的落实情况，制止不安全行为。

（7）定期组织检查或抽查工程安全、质量情况，组织解决工程施工安全、质量有关问题。

（8）负责项目安全标准化配置；负责监督安全文明施工措施落实，督促问题整改；负责开展反违章工作，制止和处罚违章作业和违章指挥行为；做好安全工作总结。

（9）配合安全事故（事件）的调查处理。

（10）负责项目建设安全信息的收集、整理与上报，每月按时上报安全信息月报。

（11）负责落实疫情防控工作要求，配备管理现场防疫物资，做好作业现场及作业人员疫情防护。

1.4.4　质检员

质检员协助项目经理负责项目实施过程中的质量控制和管理工作。

（1）贯彻落实工程质量管理有关法律、法规、规程、规范和国网公司、省公司通用制度，参与策划文件质量部分的编制并指导实施。

（2）负责组织对项目全员进行质量相关法律、法规及其他要求的培训工作。

（3）对专业分包工程质量实施有效管控，监督检查专业分包工程的施工质量。

（4）检查工程施工质量情况，监督质量检查问题闭环整改情况，配合各级质量检查、质量监督、质量验收等工作。

（5）配合开展隐蔽工程和关键工序检查，对不合格的项目责成返工，督促施工班组做好质量自检和施工记录的填写工作。

（6）按照工程质量管理及资料归档有关要求，收集、审查、整理施工记录、试验报告等资料。

（7）配合工程质量事件调查。

1.4.5　造价管理员

造价管理员协助项目经理负责项目实施过程中的造价、设计变更、结算工作，配合决算和审计工作。

（1）严格执行国家、行业标准和企业标准，贯彻落实建设管理单位有关造价管理和控制的要求，负责项目施工过程中的造价管理与控制工作。

（2）负责工程设计变更费用核实，负责工程现场签证费用的计算，并按规定向业主项目部和监理项目部报审。

（3）配合业主项目部工程量管理文件的编审。

（4）编制工程进度款支付申请和月度用款计划，按规定向业主项目部和监理项目部报审。

（5）依据工程建设合同及竣工工程量文件编制工程施工结算文件，上报至本施工单位对口管理部门。配合本施工单位及建设管理单位完成工程财务决算、审计以及财务稽核工作。

（6）负责收集、整理工程实施过程中造价管理工作有关基础资料。

1.4.6 信息资料员

信息资料员协助项目经理负责项目文件、会议纪要和资料等收集、整理、传递和保管工作。

（1）负责对工程设计文件、施工信息及有关行政文件（资料）的接收、传递和保管；保证其安全性和有效性。

（2）负责有关会议纪要的整理工作；负责有关工程资料的收集和整理工作；负责配电网工程相关工程管理信息系统数据的录入工作。

（3）建立文件资料管理台账，按照省公司配电网工程档案资料模板要求，按时完成档案整理和移交工作。

（4）负责项目管理人员的生活、后勤、安全保卫工作。

1.4.7 材料员

材料员协助项目经理负责项目实施过程中物资供应、检查、退料移库和拆旧物资的仓储、移交工作。

（1）严格遵守物资管理及验收制度，加强对设备、材料和危险品的保管，建立各种物资供应台账，做到账、卡、物相符。

（2）负责编制物资需求计划，做好到场物资使用的跟踪管理。

（3）负责组织对到达现场（仓库）的设备、材料进行型号、数量、质量的核对与检查。收集项目设备、材料及机具的质保等文件。

（4）负责组织办理甲供设备材料的催运、装卸、保管、发放，自购材料的供应、运输、发放、补料等工作。

（5）负责工程项目完工后剩余材料的退料移库等工作。

（6）负责工程拆旧物资移交前的仓储、保管；按报废流程，配合开展废旧物资移交工作。

（7）参与物资质量抽检、送检工作。

1.4.8 施工协调员

施工协调员协助项目经理负责项目实施过程中施工许可办理、工程推进和通道清理的协调工作。

（1）协调办理有关施工许可及其他相关手续。

（2）配合召开工程协调会议，配合业主项目部做好相关外部协调工作。

（3）负责配合协调地方关系，配合做好建设场地征用及清理赔偿等工作。

（4）负责配合开展通道清理、青苗补偿等协调资料的收集、整理。

1.5 重点工作

1.5.1 施工准备阶段

（1）合同签订后一月内，由施工单位按照合同约定行文成立施工项目部，建立健全安全、质量管理体系，明确工程目标，落实各项管理职责分工，将主要管理人员及特殊作业人员资质报监理项目部审核，并报业主项目部备案。

（2）施工项目部成立后，由施工单位对项目部管理人员进行交底。

（3）参加施工图会检、设计交底及各种建设管理策划会，依据业主项目部下达的策划文件编制施工项目部管理策划文件及各种计划性文件并报审。

（4）提出施工分包计划，严格分包单位选用及资质报审，组织签订劳务分包合同和安全协议，“同进同出”人员名单报业主、监理项目部备案。顶管、爆破、深基础、大型吊装、光纤熔接等需专业分包的工程，签署专业分包合同和安全协议。

（5）根据工程建设合同编制工程预付款或进度款申请报审。

（6）根据审定的施工图设计文件、设计工程量管理文件编制施工预算。

（7）负责开工前期到场设备及甲供材料的保管工作。

（8）落实主要施工机械、工器具、安全用具、计量器具、试验设备等满足施工现场需求并报审。

（9）编制相关施工方案（作业指导书），履行内部审批后报监理项目部。专项施工方案报业主项目部审批。

（10）落实标准化开工必需条件，符合要求时报请监理、业主项目部申请开工。

1.5.2 施工阶段

（1）依据批准的施工作业文件进行培训交底，并做好交底记录。

（2）按照批准的施工方案及设计变更文件组织现场施工。

（3）根据管理需要和现场施工实际开展现场安全、工艺、质量等检查活动或专题会议，制定工作改进、质量通病等防治措施，并闭环整改。

（4）参加监理项目部组织的后续到场甲供材料和设备的交接验收及开箱检查，填写开箱检查记录表，做好材料和设备的保管、运输及使用，加强过程质量管理。在监理项目部见证下，按要求对进场的材料进行取样并送检，试验结果报监理项目部确认。

（5）对专业分包工程实施有效管控，监督分包商按照工程验收规范、质量验评、标准工艺等组织施工，对隐蔽工程等关键工序（部位）进行过程控制，对专业分包商采购的工程材料、配件进行检验。

（6）根据工程进展，做好施工工序的质量控制，严格工序验收，加强隐蔽工程等工程重点环节、工序的质量控制。

（7）执行施工班组自检、项目部复检、施工单位专检（简称“三级自检”）制度，严格三级自检及缺陷处理，配合各级质量检查、质量监督、质量验收等工作，对存在的质量问题认真整改。

（8）按要求开展施工风险识别、评估工作，制定预控措施并在施工中落实，落实现场安全施工作业票的签发及风险交底，做好风险管控动态公示的及时更新，加强重点工序及作业内容的管控，按要求做好安全监护及到岗履职。

（9）组织相关人员对重要临时设施进行检查，履行重要设施安全检查签证手续。

（10）贯彻落实安全文明施工标准化要求，实行文明施工、绿色施工、环保施工。监督检查并指导专业分包商落实各项安全文明施工措施，并纳入对分包商的资信评价。

（11）制定工程安全隐患排查治理工作计划，规范开展安全隐患治理工作，保证隐患得到有效治理；定期检查现场安全状况，对存在的问题进行闭环整改，并对相关人员予以通报、处罚。

（12）施工过程中，施工班组应每天对安全文明施工标准化设施的使用情况和施工人员作业行为进行检查，施工项目部每月至少组织一次抽查，提出改进措施，保持安全文明常态化。项目经理每月至少组织一次安全大检查。将抽查和检查的情况进行汇总存档。

（13）通过落实现场准入、教育培训、过程检查、“同进同出”等分包管理制度，加强施工过程管控。

（14）组建现场应急救援队伍，配备应急救援物资和工器具。根据现场需要和项目应急工作组安排，参加项目应急工作组组织的应急救援知识培训和现场应急演练。

（15）对进度计划进行动态管理，滚动修编进度计划，对因自身原因引起的进度偏差及时进行纠偏。

（16）负责及时提出工程实施过程中发生的现场签证，履行现场签证审批单确认手续。

（17）发生工程事故后，实行即时报告制度，按程序配合事故调查及处理。

（18）按照相关工程管理信息系统要求组织做好施工阶段工程数据的维护、录入工作。

1.5.3 竣工验收阶段

施工单位在施工过程中主动向监理、业主项目部申请开展隐蔽工程验收和中间验收。工程竣工后，按照验收标准及合同文件约定完成三级自检，配合竣工预验收、投产验收和整体验收，按时完成整改消缺。

1.5.4 工程投产及保修阶段

（1）收集结算资料，完成竣工工程量文件编制，根据工程建设合同及四方确认的竣工工程量文件，编制上报工程结算书，报监理项目部、业主项目部审核。配合审计、财务完成工程结（决）算审计，配合业主完成施工图预算分析、结算督察工作。

（2）参与建设管理单位组织的优质工程自验工作，配合完成优质工程复验和验收工作。

（3）在项目竣工投产后，按合同约定及时完成工程档案资料的收集、整理及移交。

（4）按合同约定实施项目投产后的保修工作。对工程质量保修期内出现的施工质量问题，应及时进行检查、分析原因并进行整改闭环。

1.5.5 总结评价阶段

合同约定的全部工程建成投运后一个月内，施工项目部应完成以下工作：

（1）接受并配合业主项目部按照施工项目部综合评价表（见附录D）的评价内容和评价标准进行的评价，包括项目部组建、人员履职、项目管理、安全管理、质量管理等方面。评价结果作为下一次招标评价的依据，杜绝超承载能力和没有实际作业能力的皮包公司承揽工程。充分引入市场竞争，建立施工队伍“黑名单”和“负面清单”，让干得好的多干、不能干的淘汰。负责组织、管控、指挥劳务分包队伍开展作业，杜绝劳务分包人员独立开展高风险等级作业。

（2）按照分包单位考核评价表对分包单位进行资信评价，经监理项目部审核后，上报业主项目部，作为入围合格分包商的唯一依据。

1.5.6 管理流程及关键节点

（1）施工项目部工作管理流程如图1–1所示。

（2）关键管控节点。施工项目部按照“全过程管控、突出重点”的原则开展施工过程管理，施工项目部重点工作与关键管控节点见表1–4（相关成果资料表单格式见附录C）。

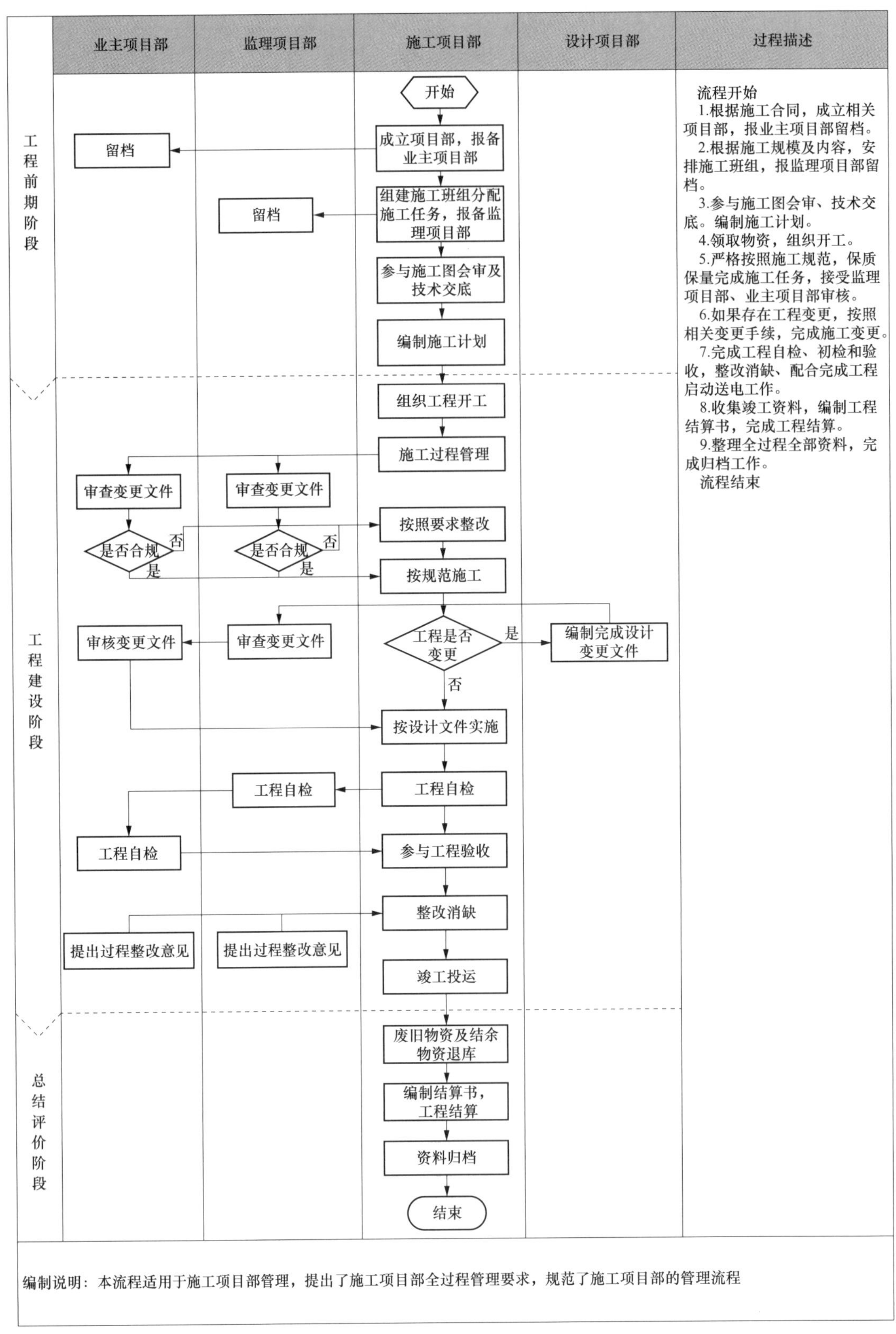

图 1-1　施工项目部管理流程图

表 1-4　　施工项目部重点工作与关键管控节点

序号	重点工作	关键管控节点及工作要求	主要成果资料
1	项目管理策划	（1）组织编写施工项目部管理策划文件并报审	项目管理实施规划、质量验收及评定范围划分表等项目策划文件
		（2）组织编写各种计划性文件并报审	施工进度计划、分包计划等计划性文件
2	工程标准化开工	（1）组织线路复测	线路复测记录
		（2）按照合同约定以及国网公司标准化管理要求完成施工项目部组建	标准化配置达标检查记录、施工机械管理台账
		（3）提交开工准备的相关支持性资料报监理项目部审查，并完成审批	法定代表人授权书、工程质量承诺书等开工准备相关资料
		（4）对施工图进行预检，参加设计交底、施工图会检	
		（5）进行上岗前安全质量、疫情防控教育培训，组织全体施工人员进行交底	教育培训记录及交底记录
		（6）提前策划部署工程现场人员管理系统，落实标准化开工条件，编写开工报审表，报请开工	工程开工报审表
3	施工控制与协调	（1）落实省公司配电网工程各专业管理的相关规定及要求，定期召开或参加工程例会、专题协调会（如每月安全、质量例会，协调会等）	会议纪要及相关会议材料、会议记录问题执行反馈单
		（2）编制施工方案（措施），按相关规定报审并组织落实	施工方案（措施）、有关执行记录
		（3）执行三级技术交底制度	交底记录
		（4）对基础施工、组塔施工、架线施工阶段工程的重点环节、关键工序进行施工控制	施工记录、验收评定记录
		（5）对分包实施动态监管	施工分包人员动态信息一览表
		（6）组织现场安全文明施工，开展施工风险识别、评估工作，制定预控措施并在施工中落实	安全风险控制卡，施工作业风险现场复测单，施工安全风险动态识别、评估及预控措施台账等
		（7）参与设备的到场验收、开箱检查，进行相关试验	开箱检查记录、试验报告等相关资料
		（8）应用标准工艺，做好重点环节、工序三级自检工作，严格控制工序质量	质量过程检查表等过程控制资料
		（9）对进度计划进行过程动态管理，滚动修编进度计划	施工进度计划及报审表、施工进度计划调整报审资料等
		（10）开展现场安全、质量等检查活动并闭环整改	安全及质量过程检查及闭环整改资料
4	成本控制	根据审定的施工图设计文件，编制施工预算，控制、指导施工各项费用支出，对价款使用进行控制、分析、反馈	施工预算资料
5	进度款	根据工程进度，依据合同规定编制工程预付款报审表、进度款报审表，并上报	工程预付款报审表、进度款报审表

续表

序号	重点工作	关键管控节点及工作要求	主要成果资料
6	设计变更及现场签证管理	（1）履行设计变更审批手续，执行批准的工程设计变更	设计变更联系单、设计变更审批单、设计变更执行报验单
		（2）履行工程现场签证审批手续，执行批准的工程现场签证	现场签证审批单
7	工程验收及质量监督	（1）严格执行三级自检制度，做好工程质量验收记录及质量问题管理台账，配合竣工预验收、中间验收、竣工预验收、启动验收和启动投运工作，并整改消缺	隐蔽验收签证记录、工程验评记录及质量问题管理台账、竣工预验收申请、班组自检记录、项目部复检记录及公司级专检报告
		（2）配合质量监督部门的监督检查并完成整改闭环管理	检查及闭环整改资料
8	信息与资料管理	（1）应用配电网工程相关工程管理信息系统，及时、准确、完整录入相关数据	配电网工程相关工程管理信息系统中按要求保存的施工过程电子文档
		（2）及时组织宣贯上级文件，来往文件记录清晰	收发文记录、学习记录
		（3）施工过程文字及影像资料的采集、整理、归档，与工程实际进度同步，完成资料整理及收集，组织档案移交	施工过程数码照片及文字资料，工程档案资料等
9	综合评价	（1）竣工后及时编写工程总结	工程总结
		（2）接受并配合业主项目部考评	相关评价报告或评价记录表
10	工程后期管理	依据合同条款，编制施工结算书并上报，配合完成竣工结算、财务决算、工程审计、达标创优及保修等后期工作	施工结算书等相关文件资料

2 项目管理

项目管理主要内容包括项目管理策划、标准化开工、进度计划管理、项目资源管理、施工协调管理、合同履约管理、信息管理、档案管理、总结评价和工程创优等。

2.1 项目管理策划

（1）依据工程建设管理纲要和项目合同文件，施工项目部编制项目管理实施规划报审表（见附录 C 中 PSXM002），并报监理、业主项目部审批。根据项目实际和相关要求，及时对项目规划进行滚动修编。

（2）工程施工阶段，执行经过审批的策划文件。

2.2 标准化开工

标准化开工必备条件如下：

（1）批次工程项目管理实施规划已审批。

（2）业主项目部组织现场勘察、设计及安全技术交底和施工图会检后，已履行交底手续并填写现场勘察记录。

（3）相关工程施工方案按要求完成编制审批，并报业主、监理项目部备案。专项施工方案业主项目部已审批。

（4）项目部完成主要施工负责人及专业分包单位有关人员交底工作。

（5）物资、材料能满足连续施工的需要，质量合格，如不符合要求时，督促责任厂家更换。

（6）主要测量、计量器具的规格、型号、数量、证明文件等内容符合规定，并与实际相符。

（7）执行项目管理实施规划中安全文明施工措施及配置要求，报监理、业主项目部确认。主要施工机械、工器具、安全防护用品（用具）的安全性能证明文件，重要设施（大中型起重机械、跨越架，施工用电等）安全检查签证等内容，与相关报审表一致。

（8）进场的施工人员（含劳务分包人员）已进行安全技术培训并经考试合格，报监理、业主项目部备案。

（9）特种作业人员资格证书已核查无误、无超期，重点核查电缆附件安装人员、带电作业人员、起重机指挥人员等作业资格证书。

2.3 进度计划管理

（1）工程开工前，依据上级单位下达的配电网工程建设进度要求及业主项目部下达的项目进度实施计划（里程碑计划），编制施工进度计划报审表（见附录 C 中 PSXM004），报监理、业主项目部审核；审核后进行计划交底，落实各级责任。杜绝无计划施工、擅自改变施工计划等情况发生。

（2）施工单位在项目开工前 7 日内，办理开工报告及审批程序。开工报告包含工程实施内容、进度计划、施工方案、设备材料表、分包审批、进场作业人员资质（含劳务分包人员）、仪器工具试验报告等。

（3）参加业主或监理组织的工程例会及工程进度协调会议。

（4）每周编制施工进度计划（见附录 C 中 PSXM005），报监理、业主项目部审核。根据施工进度计划按期编制物资需求计划（见附录 C 中 PSXM007）。

（5）根据工程实际进度，编制工程停电需求计划（见附录 C 中 PSXM006），经业主项目部审批上报。

（6）严格施工进度执行，对进度计划进行动态管理，常态化检查进度实施计划执行情况，分析产生偏差的原因，及时提出纠偏措施，滚动修编进度计划，填写施工进度计划报审表（见附录 C 中 PSXM004）报监理、业主项目部审查确定。

（7）如遇因设备偏差、甲供设备材料延误、设计更改等原因造成的工期延误，应及时报监理项目部认可后，在工程例会上提出调整建议，按会议纪要（见附录 C 中 PSXM011）执行。项目经理结合月度存在的问题及相应对策组织编制工程施工月报（见附录 C 中 PSXM010），并按施工月报落实执行。

（8）施工项目部应加强作业过程管控，正确处理安全、质量、进度的关系，因施工管理原因造成的工期延误，应自行采取调整措施，避免影响总工期，但应杜绝盲目“赶工期、抢进度”。

2.4 项目资源管理

2.4.1 人员管理

（1）根据实际施工情况，制定施工项目部的人员配置计划。作业现场采取“施工项目部 + 作业层班组（队）”模式，提前策划部署工程现场人员，组建施工作业班组（队），并配合业主项目部实施标准化建设达标检查。

（2）开工前一个月完成施工作业班组（队）组建。施工作业层班组（队）由“施工单位自有人员 + 劳务分包人员”组成，其中劳务分包人员应为劳务分包单位直签劳动合同且资格合格的人员。作业层班组（队）的施工单位自有人员与劳务分包人员配置比例最低不得低于 2 : 8，骨干人员必须由施工单位自有人员构成。

（3）收集、汇总项目部管理人员资格等信息，填写施工项目部管理人员资格报审表（见附录 C 中 PSXM001），报监理项目部审核。变更项目部主要管理人员时，应书面通知监理、业主项目部。

（4）收集、汇总、审核施工中特种作业人员（特殊工种含分包人员）资质，填写特种作业人员报审表（见附录 C 中 PSZL004），报监理项目部审核。

（5）按照施工进度计划，统筹安排施工力量，专业分包队伍和劳务分包人员纳入施工单位统一管理。施工过程中，把控施工人员的到位情况，确保施工力量满足工程施工的需要。

（6）在操作技能、规程规范、技术标准、安全质量技术管理规定、企业文化、工作态度以及施工安全知识方面对作业人员进行上岗培训工作。

2.4.2 分包管理

（1）落实分包商资质审查、选择、准入验证、教育培训、安全质量管理、动态核查、考核评价等分包管理要求。

（2）开工前，根据施工承包合同约定提出项目分包计划申请（见附录 C 中 PSXM014），开展分包招标或分包商选择工作，填写施工分包申请表（见附录 C 中 PSXM015），报监理项目部审核、业主项目部审批备案。

（3）分包合同签订后，建立分包人员台账，向监理项目部提出入场验证申请，并经监理项目部验证、业主项目部备案。

（4）专业分包商作业层班组（队）参考施工单位作业层班组组建要求进行组建。劳务分包人员纳入施工单位管理体系，劳务分包单位在每个施工作业层班组（队）配备一名副班长（队长）。定期上报分包人员管理信息。

（5）审查专业分包商编制的施工方案（施工组织设计、施工方案、作业指导书、安全技术措施等），监督其严格实施，并督促其进行全员安全交底。

（6）监督专业分包工程的实施情况，核查作业班组长及相关骨干力量配置情况，动态核查验证分包商项目经理（项目负责人）、技术负责人、安全质量管理人员、特种作业人员（特殊工种）人证相符以及施工机械、工器具配备等施工条件的一致性。

（7）施工过程中，专业分包项目经理、劳务负责人等不得随意更换；如需更换，必须经施工项目部同意，由施工项目部报监理项目部审核、业主项目部批准、建设管理单位备案。如离开现场，需报请施工项目部、监理项目部同意。

（8）劳务分包人员在施工作业层班组骨干的组织、管控、监护下开展配电网工程立杆架线等具体劳务作业。动态核查分包人员，对劳务分包队伍实施全过程管控，实现劳务分包人员统一管理、统一培训、统一管控、统一考核的“四统一”管理。

（9）按照分包合同、分包安全协议动态验证进场分包队伍资质、分包人员资格等关键信息。在全面采集分包人员个人信息、单位信息、项目岗位信息的基础上，对每位分包人员制作胸卡标识。在分包人员参与配电网工程建设的过程中，利用胸卡对其进出场、作业行为进行动态记录和管理。

（10）劳务分包工程开工前，施工项目部收集、统计风险作业的“同进同出”人员名单，报监理项目部审核、业主项目部批准。指定人员对作业组织、工器具配置、现场布置和人员操作进行统一组织指挥和有效监督。

（11）施工单位向劳务分包人员提供充足、合格的施工工具和安全工器具，禁止劳务分包人员自带施工工具和安全工器具。专业分包商作业层班组施工及安全装备参考施工单位配置要求进行配置，确保专业分包工程安全、质量、进度和造价全面受控。

2.5 施工协调管理

（1）配合工程开工协调工作，确保工程按时开工。

（2）组织或参加工程例会或专题协调会，协调解决影响施工的相关问题，满足工程进度要求。重大事件上报监理项目部和业主项目部。

（3）当监理下达工程暂停令时，按要求做好相关工作；待停工因素全部消除后，按照复工五项基本条件自查合格，提出工程复工申请（见附录 C 中 PSXM009）。

（4）配合解决影响工程施工的相关问题。

2.6 合同履约管理

2.6.1 施工合同执行管理

（1）施工项目部应依据签订的施工合同自行组织完成承包工程的主体施工，不得采取除劳务分包以外的其他形式对主体工程进行分包。非主体工程可以根据合同约定或经建设单位书面同意后，依法进行专业分包。禁止施工单位以任何形式进行工程转包。

（2）执行工程合同条款，及时协调合同执行过程中的问题，向业主项目部汇报合同履约情况及存在的问题。

（3）根据工程合同，提交进度款支付申请和实物工程量清单，报送监理项目部和业主项目部。

（4）项目发生变化时，按有关规定完成相关变更手续。

（5）工程竣工后，配合业主项目部按时完成工程结算。

（6）质保期满后，按时提交质保金支付申请。

2.6.2 分包合同管理

（1）根据批准的施工分包计划，在合格分包商名录中确定施工分包商。

（2）提出施工分包申请，将拟选用的分包商、参与分包工程施工的主要人员资格或者相关证书、拟签订的分包合同、安全协议等资料报监理项目部审查、业主项目部备案。

（3）与批准的分包商按照统一合同文本签订分包合同和安全协议，报监理、业主项目部备案，并具体负责合同条款执行。分包合同中必须明确分包性质（专业分包或劳务分包），劳务分包合同严禁体现工程规模及投资金额。

（4）严禁无分包合同和安全协议的分包单位参与施工。监督分包单位遵守分包合同及安全协议，服从本单位、监理项目部、业主项目部以及建设管理单位的管理。

（5）对分包合同的执行过程进行管理，及时协调合同执行过程中发现的各种问题。

（6）对分包单位定期开展考核评价。

（7）督促分包单位按时发放农民工工资。

2.7 信息管理

（1）执行配电网工程信息化管理各项要求，利用配电网工程相关工程管理信息系统，及时、准确、完整地填报本项目部涉及信息及施工现场信息资料。

（2）执行项目部现场人员、软硬件设备配置标准化建设。

（3）收集和分析配电网建设信息化应用过程中的问题和建议，报送业主、监理项目部。

2.8 档案管理

（1）负责文件的收发、整理、保管、归档工作，填写文件收发记录表（见附录C中PSXM017），报审相关文件资料。负责向设计单位提供竣工草图及有关设计变更文件，负责设备材料出厂资料的收集、整理和归档。

（2）建立工程项目分包单位台账和分包人员信息档案，分包人员档案内容与信息卡内容保持一致。

（3）根据档案标准化管理要求、数码照片采集管理要求及档案管理要求，负责项目施工文件（包括数码照片资料）的收集、整理及归档工作，确保文件完整、字体规范、载体合格，及时完成项目施工文件的整理、组卷、编目。

（4）批次工程竣工后，及时对工程建设全过程的文件资料包括文字、图表、音像资料等进行整理，一个月内提交业主项目部。

（5）加强对以下关键工序过程安全质量控制、隐蔽工程影像资料的采集、整理。

1）土建施工类：地基处理、地基验槽、接地装置；防水、防火、防腐工程；屋面工程；基础坑深、钢筋和预埋件；岩石、掏挖基础成孔、孔深、埋入铁件及混凝土浇筑；灌注桩基础成孔、清孔、钢筋骨架及水下混凝土浇筑质量；其他隐蔽工程。

2）线路施工类：基础及拉线坑、接地沟开挖成型、混凝土下料、基础拆模；导线压接、光缆接续；电缆直埋（隐蔽前）；钢管杆（塔）、铁塔工程；其他隐蔽工程。

3）电气安装类：设备安装、接地网敷设、封闭母线；其他隐蔽工程。

2.9 总结评价和工程创优

（1）项目竣工后及时编制工程总结（见附录C中PSXM013），并报送监理项目部和业主项目部审核。

（2）年度工程投运后，按照《配电网工程施工项目部综合能力评价细则》（见附录D）的评价内容和评价标准开展自评价，并配合业主项目部开展综合评价。

（3）对工程分包单位和分包人员开展考核评价。

（4）配合建设单位完成创优工程资料准备和申报相关工作，参加创优工程检查验收和问题整改工作。

3 安全管理

3.1 安全策划管理

3.1.1 安全管理机构

建立健全安全管理网络：工程开工前，建立健全安全保证和安全监督网络，建立安全管理人员台账（见附录C中PSAQ012），确保各级管理人员到岗到位，确保专职安全员及各施工队、班组、作业点、材料站（仓库）等兼职（或专职）安全员到岗到位。

3.1.2 施工保障平台

（1）工程开工前，按照业主项目部编制的工程建设管理纲要，并结合工程实际情况，组织编制项目管理实施规划（见附录C中PSXM003-3），履行编审批程序，报监理项目部审查、业主项目部批准后组织实施。

（2）工程开工前，检查确认施工主要施工机械、工器具、安全用具合格后，填写主要施工机械/工器具/安全防护用品（用具）报审表（见附录C中PSAQ001），报监理项目部审查。

（3）工程开工前，应根据施工项目部资源配置要求，编制工程开工报审表（见附录C中PSXM008），报监理项目部审核，业主项目部审批。

（4）参与业主组织的项目作业风险交底并组织施工项目部全体人员进行安全培训，经考试合格上岗；对新入场施工人员进行安全教育；组织全体施工人员进行安全交底；组织项目部施工人员按期进行身体健康检查；落实安全文明施工费，专款专用；对劳动保护用品及安全防护用品（用具）采购、保管、发放、使用进行监督管理；组织施工机械和工器具安全检验；在施工项目管理全过程中组织落实各项安全措施。

3.1.3 安全制度落实

（1）开工前组织项目第一次安全大检查、安全例会。安全例会应在检查之后举行，对前期策划准备阶段的安全工作进行总结分析，完善安全开工条件。

（2）参加建设管理单位、业主项目部及监理项目部等举行的各种安全会议和活动。落实各类安全文件，做好信息交流工作。

3.2 安全风险管理

施工项目部应严格落实“四个管住”工作要求，结合配电网施工作业特点，综合运用管理和技术手段，在关键环节协同发力、严格管控，切实规范施工作业组织管理，实现作业风险全过程可控、能控、在控。

（1）严格落实施工“双准入”（队伍准入、人员准入）管理制度。工程开工前，组织开展《电力安全工作规程》的学习并考试合格，确保施工项目部管理人员、施工人员熟悉施工安全风险管理流程及相关工作。

（2）落实《国家电网有限公司关于进一步加强生产现场作业风险管控工作的通知》（国家电网设备〔2022〕89 号）要求，执行生产现场作业“五级五控”风险防控体系和施工安全风险作业管理有关规定。工程开工前，组织现场勘察，分析各工序安全风险隐患，从人、机、环境、管理四个影响因素的实际情况确定作业风险等级，并根据风险等级采取相应措施，根据有关规定报相关部门审批。

（3）作业现场实行“双勘察”（计划前现场勘察、作业前现场勘察）制度，并按照要求填写现场勘察记录。涉及运行设备的现场勘察应“持图核现场”（电气接线图），按照工作内容和范围，逐一核对设备标识、运行状态等现场信息，标注停电范围、保留的带电部位、装设接地线位置、邻近带电线路、用户自备电源等关键风险点，并作为勘察记录的必备内容。

（4）配电网工程作业必须使用安全施工作业票（见附录 C 中 PSAQ010）或工作票（见《国家电网公司电力安全工作规程（配电部分）（试行）》）。按照“票后必附图”要求，工作负责人应在工作票后附现场示意图，标注关键风险点，其中带电部位用红色醒目标注。

（5）作业负责人在开工前组织对作业人员进行全员安全风险交底，安全风险交底与作业票交底同时进行，并在作业票交底记录上全员签字。

（6）在作业过程中，施工负责人按照作业流程对施工作业票中的作业风险控制卡逐项确认，并随时检查有无变化。

（7）根据当地疫情情况及疫情防控要求，为施工人员配备疫情防护用品，并开展疫情防控教育培训。

（8）施工重要临时设施完成后，项目部应组织相关人员对重要临时设施进行检查，检查合格后报监理项目部核查，核查合格后方可使用。

（9）以下工序及作业内容应作为重点加以管控。

1）土建施工：脚手架搭设 / 拆除、深基坑、5m 及以上的人工挖孔桩等。

2）杆塔施工：立杆吊装、组塔等。

3）架空线路施工：交叉跨越、近电作业、带电作业、存在感应电等。

4）电缆施工：电缆试验等。

5）配电变压器施工：变压器吊装及试验。

6）城市 / 集镇人口密集、环境复杂等狭窄地段施工。

7）有限空间内施工作业。

3.3 安全文明施工管理

（1）作为工程项目安全文明施工的责任主体，负责贯彻落实安全文明施工标准化要求，实行文明施工、绿色施工、环保施工。

（2）严格遵守国家工程建设节地、节能、节水、节材和保护环境法律法规，绿色施工，尽力减少施工对环境的影响。

（3）落实工程施工安全管理及风险控制方案中的安全文明施工管理目标及保障措施，落实工程安全标准化管理要求，负责工程项目安全标准化管理工作的具体实施，保证安全文明施工目标的实现。

（4）按规定使用安全文明施工费，工程开工前，编制配电网工程安全文明施工设施标准化配置情况汇总表（见附录 C 中 PSAQ002），明确安全设施、安全防护用品和文明施工设施的种类、数量、使用区域和计划费用，报监理项目部审核、业主项目部批准。

（5）按要求做到安全制度执行标准化、安全设施标准化、个人防护用品标准化、现场布置标准化、作业行为规范化和环境影响最小化。

（6）负责组织安全文明施工，制定施工垃圾堆放与处理措施、降噪措施等，使之符合国家、地方政府有关职业卫生和环境保护的规定。

（7）尽可能少占耕（林）地等自然资源，严格控制基面开挖，严禁随意弃土，施工后尽可能恢复植被。采取措施控制施工中的噪声与振动，降低噪声污染。

（8）施工现场应尽力保持地表原貌，做到“工完、料尽、场地清”，现场设置废料垃圾分类回收箱。混凝土搅拌和灌注桩施工应设置沉淀池，有组织收集泥浆等废水，废水不得直接排入农田、池塘。对易产生扬尘污染的物料实施遮盖、封闭等措施，减少灰尘对大气的污染。

（9）施工过程中，施工项目部应按照工程安全文明施工设施标准化配置报验单所列内容进行配置，每日检查安全文明施工设施配置完好情况，保证满足安全施工要求。发现现场安全文明施工设施有损坏或缺少，要立即组织整改，必要时停工整改。

（10）安全文明施工标准化设施进场前，应经过性能检查、试验。施工项目部应将进场的安全文明施工标准化设施报监理项目部和业主项目部审查验收。

（11）根据项目管理实施规划中安全文明施工措施，配置相应的安全设施，为施工人员配备合格的个人防护用品，并做好日常检查、保养等管理工作。教育、培训、检查、考核施工人员按规范化要求开展作业，落实环境保护和水土保持措施。

（12）在每月项目部安全检查过程中，组织检查工程施工安全管理在现场的实施情况。

（13）施工过程中，施工班组应每天对安全文明施工标准化设施的使用情况和施工人员作业行为进行检查，施工项目部每月至少组织一次抽查，提出改进措施，保持安全文明常态化。

（14）在工程施工过程中应及时收集、整理施工过程中安全与环境方面的资料。

（15）监督检查并指导专业分包商严格落实安全文明施工标准化管理要求，督促专业分包商严格按照安全文明施工“六化”要求组织施工，并进行全过程动态管理。

（16）对施工现场可能造成人员伤害或物品坠落的孔洞及沟道设置盖板、围栏等防护措施。

（17）施工作业区应合理布置安全隔离设施和安全警示标志。

（18）施工现场临时用电应安全可靠，并设置有效接地，设置必要的安全警示标志，配备消防器材。

（19）易燃易爆物品、仓库、加工区、配电箱及重要机械设备附近，应按规定配备灭火器等消防器材，并放在明显、易取处。

（20）带电跨越时，跨越架或承力索封顶网应使用绝缘网和绝缘绳。

（21）发生环境污染事件后，应立即采取措施，可靠处理；当发现施工中存在环境污染事故隐患时，应暂停施工；在环境污染事故发生后，应立即向监理项目部和业主项目部报告。同时按照事故处理方案立即采取措施，防止事故扩大。

3.4 安全质量评价

（1）贯彻配电网工程项目安全标准化管理评价要求。

（2）参与由建设管理单位或业主项目部开展的安全标准化管理评价，对存在的问题进行整改，形成闭环管理。

3.5 分包安全管理

（1）在分包工程开工前，施工单位必须与分包商签订分包合同和安全协议，严禁无分包合同和安全协议施工。分包合同中必须明确分包性质（专业分包或劳务分包）。

（2）施工项目部将分包单位纳入施工项目部的安全管理体系，专业分包商明确项目负责人，配置具备满足分包专业及工程量的管理人员。通过落实分包商资质审查、现场准入、教育培训、过程检查、动态考核评价等分包管理制度，对分包工程施工安全实施全过程动态管理。

（3）应建立覆盖所有分包商的现场应急处置管理体系，在发生分包安全事故（件）或突发事件时，按照国家和国网公司有关事故调查规程处置，要求逐级上报，严禁迟报、瞒报。

（4）建立分包各类人员登记制度，将体检结果、《电力安全工作规程》考试成绩及意外伤害保险办理情况填入施工人员登记表（见附录 C 中 PSAQ013）。为分包作业人员办理带有本人姓名、照片等相关信息（推荐采用二维码信息）的胸卡，并在上岗时携带；胸卡严禁转借他人使用。

（5）应建立分包人员违章扣分管理制度，对分包人员违章情况进行扣分、记录、上报。

（6）将劳务分包人员纳入施工班组、实行与本单位员工“无差别”的安全管理，负责组织其进行安全、质量、标准化施工等各类教育培训活动和安全技能培训考试；建立包含劳务分包人员安全教育培训、意外伤害保险、体检等信息的劳务作业人员名册。

（7）督促专业分包商按照合同约定配备足够的机械设备、合格工器具及安全防护用品，建立管理台账，做到物账对应，始终处于受控状态。

（8）禁止劳务分包人员独立进行施工作业。

3.6 安全应急管理

（1）工程开工后，至少组织一次应急演练，填写现场应急处置方案演练记录（见附录 C 中 PSAQ019）。

（2）建立应急救援队伍，配备应急救援物资和器具，组织开展应急救援培训。建立现场应急值班制度，值班人员通信方式在其管理范围内公布并保持通信畅通。

（3）参与成立项目现场应急工作组，参加相关应急培训、演练及救援工作。

3.7 反违章管理

依据《配电作业现场反违章手册》要求，开展反违章工作。违章类型分为管理违章、行为违章和装置违章三类。

（1）工程开工前，施工单位根据现场实际，制定反违章预防细则，并对可能存在的各类违章进行检查，填写检查记录表、整改计划及整改情况，并报监理项目部审核。

（2）施工过程中，施工项目部经理及安全员通过现场随机检查、安全检查、专项检查等形式对施工现场存在的违章问题进行检查，填写安全检查整改通知单（见附录C中PSAQ008）及安全罚款通知单（见附录C中PSAQ023），建立违章及处罚登记台账（见附录C中PSAQ022）。

3.8 安全检查管理

（1）安全检查以查制度、查管理、查隐患为主要内容，分为例行检查、专项检查、随机检查和安全巡查四种方式。项目经理每月至少组织一次安全检查。

（2）配合业主项目部等相关单位开展的春季、秋季安全检查和各类专项安全检查，对检查中发现的安全隐患和安全文明施工、环境管理问题按期整改、闭环管理。对因故不能立即整改的问题，应采取临时措施，并制定整改措施计划报上级批准，分阶段实施。

（3）根据管理需要和现场施工实际情况，适时开展随机检查和专项检查，及时发现并解决安全管理中存在的问题。

（4）制定工程安全隐患排查治理工作计划，规范开展安全隐患治理工作，保证隐患得到有效治理;定期检查现场安全状况，对存在的问题进行闭环整改，并对相关人员予以通报、处罚。

（5）应在各类检查中留存数码照片等影像资料，包括安全管理亮点照片、安全隐患照片、违章照片、整改后照片等。

（6）在每月召开的安全工作例会（可与每月工程例会合并）上，针对项目施工过程中和安全检查中发现的安全隐患和问题进行安全管理专题分析和总结，掌握现场安全施工动态，制定针对性措施，保证现场安全受控。

（7）发生配电网工程安全事件后，现场人员应立即向现场负责人报告，由现场负责人向本单位负责人即时报告，同时要向业主项目部、监理项目部报告。按相关规程规定配合安全事故调查分析与处理，按照“四不放过”的要求处理。建立各类事故及惩处登记台账（见附录C中PSAQ021）。

配电网工程安全责任量化考核计分表见表3-1。

表3-1　配电网工程安全责任量化考核计分表

编号	工程施工关键点作业安全管控措施	重要性	分值	考核单位
GJ	工程施工现场关键点作业各级安全管控措施			
GJ-01	施工项目部现场关键点作业安全管控措施			

续表

编号	工程施工关键点作业安全管控措施	重要性	分值	考核单位
GJ-01-0001	组织项目管理人员及专业分包管理人员参加业主项目部组织的安全技术交底及会签	极其重要	10	监理、业主项目部（建设管理单位）、交叉互查地市公司、省公司
GJ-01-0002	梳理、掌握本工程可能涉及的人身伤亡事故风险，将其纳入项目管理实施规划、安全风险管理及控制方案等策划文件	比较重要	5	监理、业主项目部（建设管理单位）、交叉互查地市公司、省公司
GJ-01-0003	施工项目部根据工程情况编制分部工程安全文明施工设施标准化配置计划，并报监理项目部进行进场验收把关，对现场检查出安全文明施工设施使用不规范情况的责任单位及人员进行相应考核	比较重要	5	监理、业主项目部（建设管理单位）、交叉互查地市公司、省公司
GJ-01-0004	施工项目部将分包计划报监理项目部审查，批准后上报拟分包合同及安全协议，确保分包商的施工能力满足工程需要	重要	2.5	监理、业主项目部（建设管理单位）、交叉互查地市公司、省公司
GJ-01-0005	在工程开工前，施工项目部向监理项目部、业主项目部报批“同进同出”人员名单，收集并检查“同进同出”人员的履职记录及留存的数码照片	重要	2.5	监理、业主项目部（建设管理单位）、交叉互查地市公司、省公司
GJ-01-0006	施工项目部建立配套施工作业票台账，结合工作票检查，同步检查关键点作业的每日检查记录台账	极其重要	10	监理、业主项目部（建设管理单位）、交叉互查地市公司、省公司
GJ-01-0007	落实施工项目部验收职责，认真开展施工队自检、项目部复检工作，并报审公司级专检、竣工预验收，完成各级验收消缺整改工作	极其重要	10	监理、业主项目部（建设管理单位）、交叉互查地市公司、省公司
GJ-02	施工单位现场关键点作业安全管控措施			
GJ-02-0001	按要求配备施工项目经理、技术员、安全员等项目管理人员。安全员必须为专职，不可兼任项目其他岗位	比较重要	5	监理、业主项目部（建设管理单位）、交叉互查地市公司、省公司
GJ-02-0002	全面掌握公司所属在建工程施工安全作业风险，执行管理人员到岗到位要求，适时开展关键点作业安全管控措施的监督检查	极其重要	10	监理、业主项目部（建设管理单位）、交叉互查地市公司、省公司
GJ-02-0003	在配电线路工程杆塔组立前和架线前等关键环节，组织开展公司级专检验收工作，对施工项目部一、二级自检进行把关检查，督促整改	极其重要	10	监理、业主项目部（建设管理单位）、交叉互查地市公司、省公司
GJ-02-0004	组织开展配农网工程关键点作业日常安全监督检查，对检查中发现的问题及时予以现场整改、通报批评，并对相关责任单位及责任人进行考核	极其重要	10	监理、业主项目部（建设管理单位）、交叉互查地市公司、省公司
GJ-02-0005	严格审查专项施工方案是否根据现场实际编制，对经过审批的施工方案现场执行不严格的，追究现场管理人员、施工负责人的责任	极其重要	10	监理、业主项目部（建设管理单位）、交叉互查地市公司、省公司
GJ-02-0006	对现场施工违反规定与要求的分包人员，责令其改进或停工整顿，依据分包施工合同进行考核。对安全管控措施落实不到位、存在问题拒不整改的分包商、分包商项目经理及主要管理人员、分包人员清除出场，并报告建设单位，提出永久禁入建议	极其重要	10	监理、业主项目部（建设管理单位）、交叉互查地市公司、省公司

4 质量管理

4.1 施工策划阶段质量管理

（1）施工合同签订后，施工单位应签订工程质量终身责任承诺书（见附录C中PSSZ002）。

（2）建立健全项目质量管理体系和质量检查验收整改机制，包括质量管理的组织机构、人员组成、岗位职责、质量检查控制和实施细则等，明确工程质量目标，落实质量管理各项职责分工。

（3）将标准工艺、工厂化预制、成套化配送、装配化施工、机械化作业等新设备、新技术应用纳入项目管理实施规划，落实业主项目部提出的标准工艺实施目标及要求，执行施工图工艺设计相关内容。

（4）在业主项目部的组织下，参加设计交桩工作，履行交接桩手续。

4.2 施工准备阶段质量管理

（1）施工现场使用的计量器具、检测设备应建立台账，并定期更新。

（2）根据施工质量验收规范和检测标准的要求编制工程检测试验项目计划，并报监理项目部审查。

（3）参与设备材料的到货验收。配合开展设备材料的开箱检查、进场检验工作，做好设备材料的保管、运输及使用，对甲供材料进场前外观检查无问题后，填写甲供主要设备（材料 / 构配件）开箱申请表（见附录C中PSZL003），报监理项目部组织开箱检查。自购原材料自检合格后填写乙供工程材料 / 构配件 / 设备进场报审表（见附录C中PSZL010），经监理项目部见证取样、送检，分批次进行检验，及时对原材料进行跟踪管理。

（4）对施工过程中所选用的特种作业人员资格进行报审。

4.3 施工阶段质量管理

（1）依据《配电网施工检修工艺规范》（Q/GDW 10742—2016）和《配电网工程工艺质量典型问题及解析》等规范文件规定，开展标准工艺应用工作，不断强化工厂化装配车间建设，柱上配电变压器台、柱上断路器等电气安装场景，增加引线装配停工待检点，经监理确认为预制模块后，开展下一步工序。在环网箱基础、箱式变压器基础、电缆井、电缆排管、电缆沟等土建施工场景，推广应用预制模块。及时参加标准工艺实施分析会，制定并落实改进工作的措施。

（2）对混凝土基础施工，按相关规范要求留置养护混凝土试块，对混凝土试块抗压强度进行汇总及强度评定，填写试品 / 试件试验报告报验表（见附录 C 中 PSZL008），报监理项目部。

（3）施工项目部依据监理旁站方案在需要实施旁站监理的关键部位、关键工序施工前及隐蔽工程隐蔽前 48h，填写监理告知单（见附录 C 中 PSZL007），告知监理项目部。

（4）根据工程进展，做好施工工序的质量控制，严格工序验收，上道工序未经验收合格不得进入下道工序，确保施工质量满足质量标准和验收规范的要求，如实填写施工记录。加强如下工程重点环节、工序的质量控制。

1）土建施工：开关站（配电室）的基础及主体结构混凝土浇筑、屋面防水及保温；配电设备（箱式变压器、环网单元、电缆分支箱）的基础混凝土浇筑;杆塔的基础混凝土浇筑、钢筋笼入孔；电缆工作井混凝土浇筑等。

2）钢管杆、铁塔工程：耐张塔结构倾斜等。

3）架线工程：导地线弧垂控制、防磨损措施；导、地线压接；对铁路、高速公路、10kV 及以上电压等级输电线路等特殊跨越的净空距离控制等。实施施工首次试点，做好牵张设备、液压设备、滑车等影响工程质量的主要工器具，操作人员资质及成品质量的跟踪检查。

4）电缆施工：电缆中间接头（终端头）制作及试验等。

5）配电变压器施工：变压器就位等。

6）配电网自动化装置施工：终端调试等。

7）隐蔽工程施工应提前 48h 通知监理项目部，在监理员在场的情况下方可实施，验收后做好验收签证记录。

（5）施工项目部按月召开质量工作例会（可与每月工程例会合并），班组（施工队）按周召开质量例会，同时积极参加由业主项目部组织的质量分析会，配合质量专项检查活动。

（6）按照标准工艺实施策划，采用随机和定期检查的方式进行质量检查，对标准工艺的执行情况进行检查，填写检查问题整改通知单（见附录 C 中 PSZL005）。分包单位或施工班组对质量缺陷进行闭环整改，并确认整改结果，填写检查问题整改反馈单（见附录 C 中 PSZL006）。

（7）对专业分包工程实施有效管控，监督专业分包单位按照工程验收规范、标准工艺等组织施工,对隐蔽工程等关键工序(部位)进行过程控制,对专业分包单位采购的工程材料、配件进行检验，确保分包工程的施工质量。

（8）根据监理通知单提出的施工质量缺陷，认真整改，复检合格后及时填写检查问题整改反馈单（见附录 C 中 PSZL006），申请监理复检。

（9）配合各级质量检查、质量监督、质量验收等工作，根据检查发现问题及检查问题整改通知单（见附录 C 中 PSZL005）内容，立即组织整改，复检合格后填写检查问题整改反馈单（见附录 C 中 PSZL006），申请监理、业主复检。

（10）在接到工程暂停令后，针对监理项目部提出的问题、复工工程的安全措施、安全隐患进行排查，自检合格后向业主项目部和监理项目部提交工程复工申请（见附录 C 中 PSXM009）和复工前安全检查报告。

（11）利用信息化手段加强施工质量过程控制，及时采集、整理工程相关关键节点及各级验收过程数据、影像资料。

（12）实行质量事件即时报告制度。工程质量事件发生后，现场有关人员应立即向现场工作负责人报告；现场工作负责人接到报告后，应立即向施工项目部和本单位负责人报告；施工项目部接到质量事件报告后，应立即向业主、监理报告事件情况。各有关单位接到质量事件报告后，应根据事件等级和相应程序上报事件情况。按照质量事件等级及时上报工程安全 / 质量事件报告表（见附录 C 中 PSZL009），配合做好质量事件调查、方案整改及处理工作。及时填报处理方案报审表、处理结果报验表。

4.4 施工验收阶段质量管理

（1）按照工程验评范围划分，执行三级自检制度，做好隐蔽工程验收记录、三级检验记录及质量问题管理台账，要求内容真实、数据准确，并应与工程进度保持同步。

（2）工程完成后，由施工班组独立完成班组自检。班组自检合格后，由施工项目部完成复检工作，复检不得与班组自检合并开展。施工项目部复检合格后出具公司级专检申请表（见附录 C 中 PSZL011），施工单位工程质量管理部门组织施工单位专检，确认合格后，出具施工单位专检报告，向监理项目部提交竣工预验收申请表（见附录 C 中 PSZL012）。

（3）积极配合工程各阶段验收工作，完成问题整改的闭环管理。

（4）按照交接试验规程及有关要求，做好交接试验和系统调试工作，试验报告应报监理项目部审查。配合启动投运工作。

（5）在工程竣工验收阶段，配合建设管理单位的标准工艺验收和应用评价工作，配合编写工程施工质量情况汇报。

（6）依据《国家电网公司关于进一步加强农网工程项目档案管理的意见》（国家电网办〔2016〕1039 号）、《国网山东省电力公司关于印发 10 千伏及以下配电网工程项目档案管理办法的通知》（鲁电办〔2019〕868 号）的要求，及时完成工程资料收集，经监理项目部审核后提交业主项目部，配合业主项目部完成工程档案移交工作。

4.5 项目总结评价阶段质量管理

（1）按照有关创优文件的规定，开展工程自验评价，参与建设管理单位组织的工程达标投产考核和优质工程评选工作，配合完成优质工程复验和验收工作。

（2）按合同约定实施项目投产后的保修工作。对工程质量保修期内出现的施工质量问题，应及时进行检查、分析原因及进行整改闭环。

5 造价管理

5.1 成本控制管理

（1）根据本单位签订的工程建设合同及工程进度计划,编制年（或季）度资金使用计划。

（2）根据审定的施工图设计文件、设计工程量管理文件编制施工预算，控制、指导施工各项费用支出，对价款使用进行控制、分析、反馈。

5.2 进度款管理

（1）依据工程项目实际进度编制工程进度款报审表（见附录C中PSZJ001），报监理项目部审核、业主项目部审批。

（2）在设备、材料到货验收单上签署施工项目部意见。

5.3 施工结算管理

（1）工程竣工后30日内，由施工单位完成工程结算书编制，报业主项目部审核。配合开展工程现场审计工作，确保竣工后60日内完成工程结算审计和入账。

（2）依据工程建设合同及四方确认的竣工工程量文件（包括设计变更单及现场签证单）编制工程施工结算书，报送至监理项目部、业主项目部和建设管理单位审批。

（3）完成本项目部管理范围内工程各参建单位的结算。

（4）配合业主项目部完成合同的阶段性结算工作。

（5）工程结算完成后，配合相关单位将结算数据与批准概算、施工图预算进行对比分析，查找差异、分析原因，衡量评价设计质量、工程造价管理水平。

（6）根据当地疫情情况，协助业主项目部编制疫情防控措施结算。

5.4 工程量管理

（1）工程量管理是在工程建设阶段，依据设计图纸、工程设计变更、工程签证和经审核确认的工程联系单等，对施工工程量进行的计算、统计和审核等管理工作。

（2）在工程实施阶段，按照施工进度要求，根据施工设计图纸、工程设计变更及现场签证单，核对施工工程量，配合业主项目部编制施工工程量文件。

（3）在工程竣工后 3 个工作日内向设计单位提交经监理确认的竣工草图，配合设计单位编制施工工程量文件，并报业主项目部审批。竣工结算阶段，与业主项目部、监理项目部及设计单位共同核对竣工工程量，配合业主项目部编制竣工工程量文件。

5.5 设计变更及现场签证管理

（1）由施工项目部提出的设计变更，及时出具设计变更联系单（见附录 C 中 PSZJ003），按设计变更流程配合完成设计变更审批手续。设计变更管理流程如图 5-1 所示。

（2）配合完成工程设计变更审批单确认手续（见附录 C 中 PSZJ002）。

（3）负责及时提出工程实施过程中发生的现场签证，出具现场签证审批单，履行现场签证审批单确认手续（见附录 C 中 PSZJ004、PSZJ005）。签证流程（含一般签证和重大签证）如图 5-2 和图 5-3 所示。

（4）负责按照经批准的设计变更与现场签证组织实施后，经自验合格填写现场签证执行报验单（见附录 C 中 PSZJ006），报监理项目部查验。

5.6 财务决算及审计配合

（1）配合完成工程财务决算、审计以及财务稽核工作。

（2）配合完成工程审计检查。

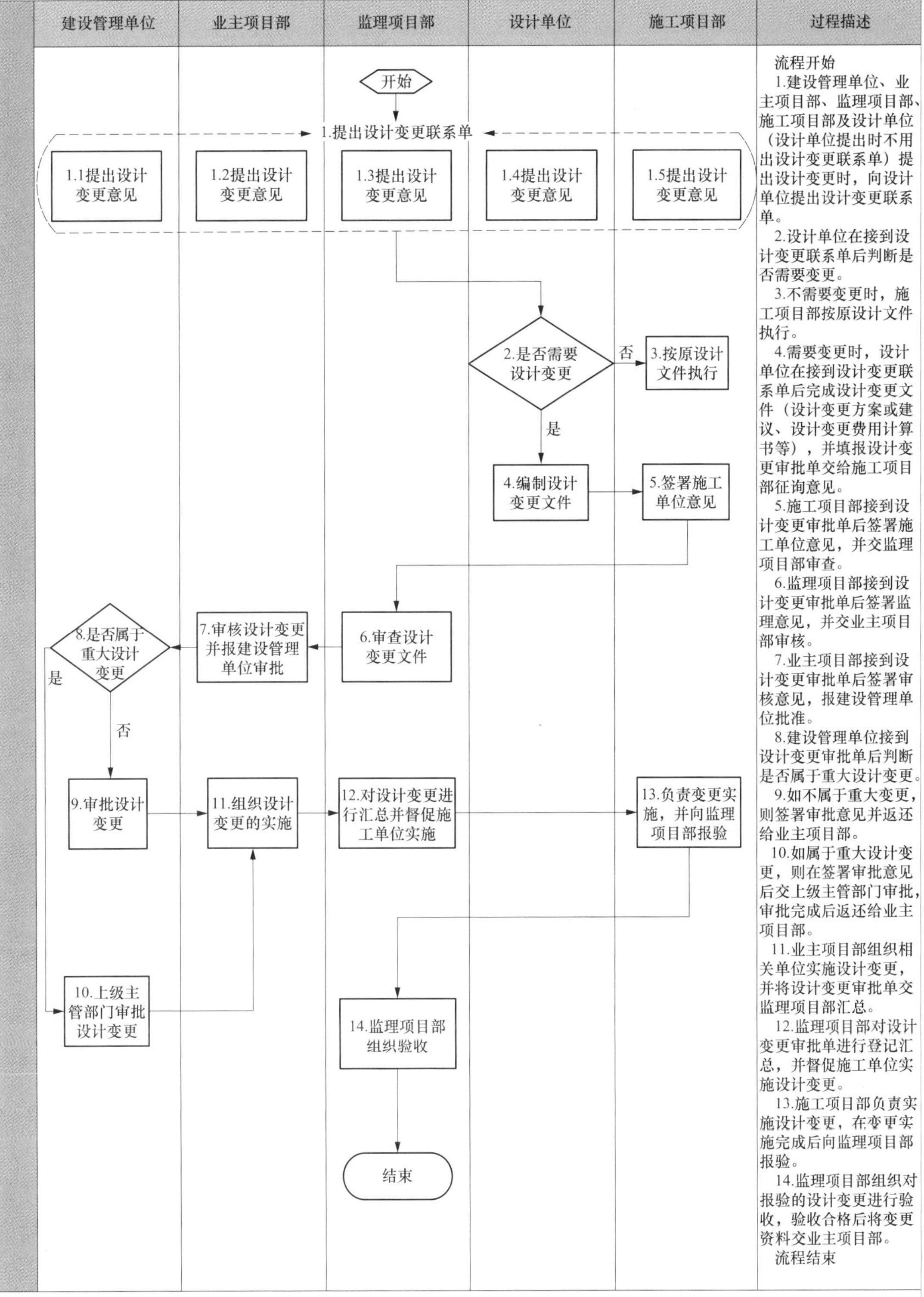

编制说明：本流程适用于施工项目部对设计变更的管理，明确了各相关单位的工作职责，规范了工程设计变更的管理流程；编制依据为《建设工程管理规范》（GB/T 50319—2013）、《国网山东省电力公司设备部关于印发〈配网工程现场签证管理流程〉的通知》（设备配电〔2022〕4号）等

图 5-1　设计变更管理流程图

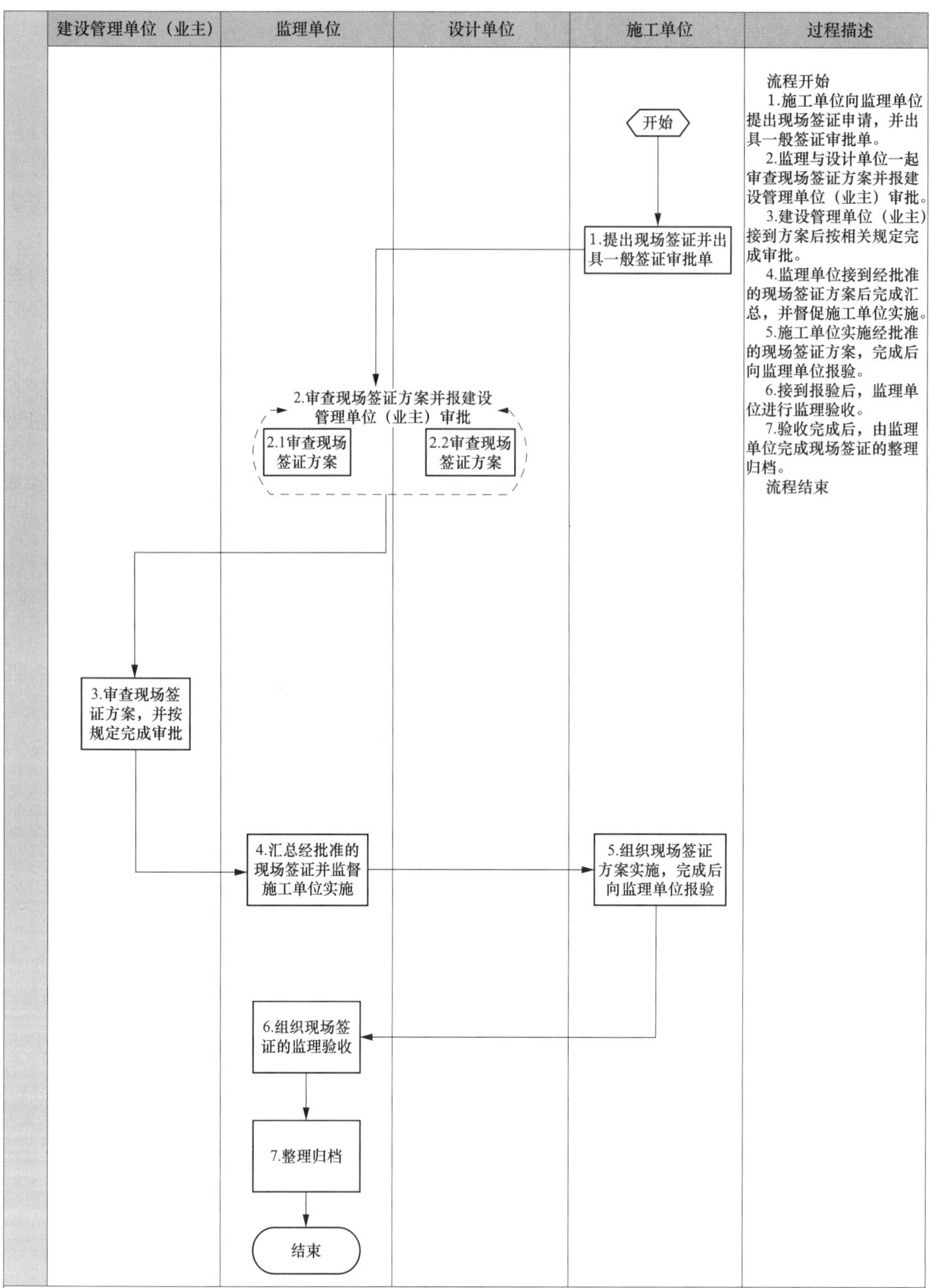

编制说明：本流程适用于施工项目部对现场一般签证的管理，明确了各相关单位的工作职责，规范了工程现场一般签证的管理流程；编制依据为《建设工程监理规范》（GB/T 50319—2013）、《电力建设工程监理规范》（DL/T 5434—2021）、《国网山东省电力公司设备部关于印发〈配网工程现场签证管理流程〉的通知》（设备配电〔2022〕4号）等

图 5-2　一般签证管理流程图

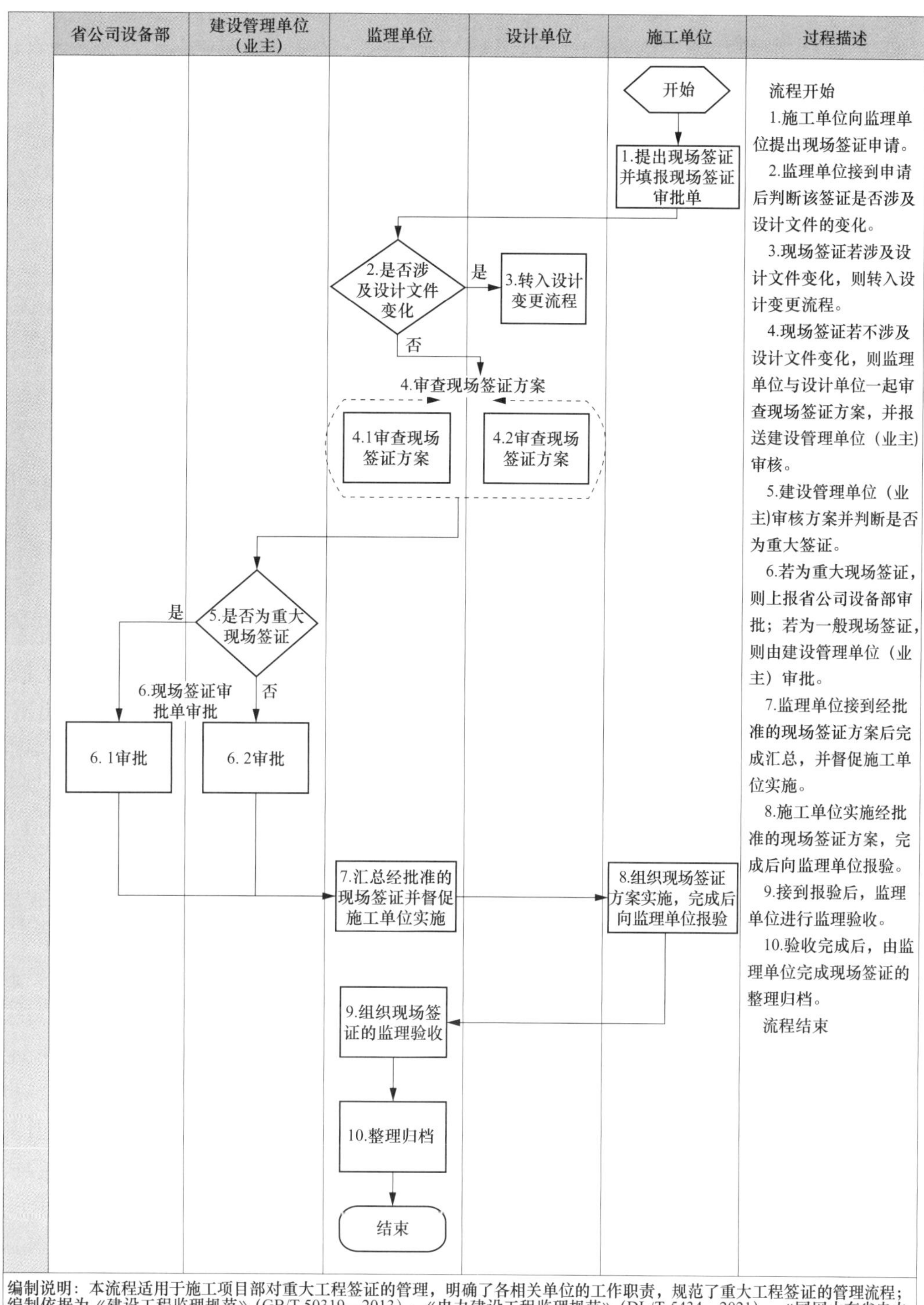

图 5-3　重大签证管理流程图

6 技术管理

6.1 施工技术管理

（1）根据工程特点，建立技术标准执行清单，并进行现场配置。掌握最新技术标准和相关规定，并及时进行更新。

（2）组织施工图预检，形成图纸预检记录，在施工图会检前提交监理项目部；参加业主项目部组织的设计交底和施工图会检。

（3）根据交底记录、施工图，结合现场情况编制施工方案（措施），经施工单位审批后，填写施工方案（措施）报审表（见附录 C 中 PSJS001），报监理项目部审批。施工方案（措施）执行过程中，如施工方法、机械（机具）、环境等条件发生变化，应及时对施工方案（措施）进行修订或补充，并向监理项目部进行报批。

（4）对于重大停电、线路“三跨”、深基坑开挖、设备吊装、邻近带电体施工作业等超过一定规模的危险性较大的分项工程，制定专项施工方案（含安全技术措施）。对于超过一定规模的危大工程，施工企业还应按国家有关规定组织专家进行论证、审查。

（5）严格审查专业分包商的组织、技术措施，报监理项目部审查；特殊（专项）施工方案（措施）还需报业主项目部审批。

（6）负责施工图和设计变更的接收、登记及发放。设计变更发放范围与施工图发放范围一致。

（7）编制培训计划，对施工项目部员工进行上岗前的培训，对劳务分包人员进行必要的技术培训，对专业分包商的培训工作进行监督。

（8）在工程实施前，施工单位应组织有关技术管理部门对项目部主要管理人员及分包单位有关人员进行交底。作业前，工作负责人对全体作业人员进行交底。工期较长的项目，除开工前交底外，至少每月交底一次；重大危险项目（如起重机拆卸、高塔组立、“三跨”等），在施工期内宜逐日交底。技术交底必须有交底记录（见附录 C 中 PSJS002），交底人和被交底人履行全员签字手续（对于工期较长施工项目的每月交底、重大危险项目的每日交底，可将作业票和站班会记录作为交底记录）。

（9）当存在技术标准差异等技术争议问题，技术员填写工作联系单报监理项目部、业主项目部确定解决意见并在施工中执行。竣工验收前，形成技术标准问题及标准间差异汇总，上报监理项目部和业主项目部。

（10）组织检查项目管理实施规划、技术方案的执行情况，纠正或制止违规现象；解决现场技术问题。施工人员及时填写施工记录和工程签证。

（11）对工程安全和质量，从技术方面提供保证措施；参加工程的安全、质量事故（事件）分析。

（12）编制施工技术管理小结汇入工程总结。

6.2　施工新技术研究与应用

（1）执行国网公司在配电网建设改造新技术推广应用方面的有关要求，结合工程具体情况，从《国家电网公司施工重点推广新技术目录》《国家电网公司科技创新成果推广目录》中选取适用的施工新技术，合理配置相关施工装备，按照相关技术规范实施应用。当选用推广目录以外的新技术时，提前开展专题论证，并向业主项目部汇报。应用新技术的工程项目，按时上报新技术成果应用情况，配合上级单位完成相关工作。

（2）结合工程实际情况，组织开展科技进步、工法等科技创新工作。

（3）对于施工类配电网建设改造新技术研究项目依托工程，合理配置相关施工装备，按要求开展新技术研究工作。

附录A　名词术语

1. 省公司

省公司是指国网公司直属建设分公司及省、自治区、直辖市电力公司。

2. 地市公司

地市公司是指省公司下属的地市级供电公司。

3. 县公司

县公司是指地市公司下属的县级供电公司。

4. 建设管理单位

建设管理单位是指受项目法人单位委托对电网项目进行建设管理的各级单位。

5. 施工项目经理

施工项目经理是指施工企业法定代表人在建设工程项目上的授权委托代理人。

6. 施工分包

施工分包是指施工承包商将其承包工程中的专业工程或劳务作业发包给其他具有相应资质等级的施工单位完成的活动。

7. "三通一标"

"三通一标"是指通用设计、通用造价、通用设备和标准工艺。

8. "两型三新"

"两型三新"是指资源节约型、环境友好型和新技术、新材料、新工艺。

9. "两型一化"

"两型一化"是指资源节约型、环境友好型和工业化。

10. "四化施工"

"四化施工"是指工厂化预制、成套化配送、装配化施工、机械化作业。

（1）工厂化预制。工厂化预制是指在标准化设计的基础上，将传统施工中现场制作的工作内容在加工车间提前完成。10kV 柱上变压器台工厂化预制主要包括高低压引接线、接地引上线扁钢、拉线、低压出线、标准化基础等模块预制。

（2）成套化配送。成套化配送是指在工厂化预制的基础上，将已经预装完成的各标准模块按照包装工艺流程进行成套化包装，实现专业化配送。

（3）装配化施工。装配化施工是在工厂化预制和流水化作业的基础上逐步提升的成果，即按施工环节将施工过程分为五个施工模块，细化每个模块工艺工序，将每个施工模块分解成多个安装模块，利用预制工厂将零散的材料加工为安装半成品，按照安装模块内容将到货材料组合成不同的安装组件，分装配送，固定施工人员，减少安装工序，缩短现场组装时间，提高配电网建设质效。

（4）机械化作业。机械化作业是指通过合理选用施工机械，采用正确的施工工艺，依靠机械设备来完成工程作业的全过程。

11. 生产现场作业“五级五控”

生产现场作业“五级五控”是指作业风险分级、作业模式转变、检修计划管理、现场勘察组织、检修方案编审和到岗到位要求、远程督查安排、现场实施管控、检修验收管理、总结与考核。从人身安全风险、设备重要程度、运维操作风险、作业管控难度、工艺技术难度等五类因素，对每类作业任务分别进行作业安全和质量的风险等级（由高到低分为Ⅰ～Ⅴ级）评价，对五类因素风险等级评价结果进行综合计分，据此建立配电网检修生产作业任务风险分级表，用于指导现场作业组织管理。

12. 作业风险管控“四个管住”

作业风险管控“四个管住”是指管住计划、管住队伍、管住人员、管住现场。

13. 安全文明施工“六化”

安全文明施工“六化”是指安全制度执行标准化、安全设施标准化、个人防护用品标准化、现场布置标准化、作业行为规范化和环境影响最小化。

14. 事故处理“四不放过”

事故处理“四不放过”是指事故原因未查清不放过、责任人员未处理不放过、整改措施未落实不放过、有关人员未受到教育不放过。

15. 标准工艺

标准工艺是指按照相关质量管理要求，对配电网工程质量管理、工艺设计、施工工艺和施工技术等方面成熟经验、有效措施的总结与提炼而形成的系列成果，由最新版的配电网工程典型设计和标准工艺图册、施工技术交底手册等组成，经国网公司或各网省公司统一发布、推广应用。

16. 电力线路“三跨”

电力线路“三跨”是指线路跨越高速铁路、高速公路和重要输电通道。

17. 达标投产

达标投产是指在配电网电工程建成投产后，在规定的考核期内，按照统一的标准，对投产的各项指标和建设过程中的工程安全、质量、工期、造价、综合管理等进行全面考核和评价的工作。

18. 安全文明施工费

安全文明施工费是安全生产费、文明施工费和环境保护费三部分费用的总称。安全生产费是指企业按照规定标准提取在成本中列支，专门用于完善和改进企业或者项目安全生产条件的资金。文明施工费是指施工现场按照文明施工、绿色施工要求采取的文明保障措施所发生的费用。环境保护费是指施工现场为达到环保部门要求所需要的各项费用。

19. 施工图预算

施工图预算是指以施工图设计文件为依据，按照规定的程序、方法和依据，在工程施工前对配电网工程造价进行的预测与计算。

20. 设计变更

设计变更是指工程实施过程中因设计或非设计原因引起的对施工图设计文件的改变。

21. 重大设计变更

重大设计变更是指改变了初步设计批复的设计方案、主要设备选型、工程规模、建设标准等原则意见，或单项设计变更投资变化超过 20 万元的设计变更。

22. 一般设计变更

一般设计变更是指除重大设计变更以外的设计变更。

23. 现场签证

现场签证是指在施工过程中除设计变更外，其他涉及工程量增减、合同内容变更以及合同约定发承包双方需确认事项的签认证明。

24. 重大签证

重大签证是指单项签证投资增减额超过 10 万元的签证。

25. 一般签证

一般签证是指除重大签证以外的签证。

26. 工程审计

工程审计是指检查工程会计凭证、会计账簿、会计报表以及其他与财务收支有关的资料和资产，监督财务收支真实、合法和效益的行为。工程审计是工程结算的监督行为，是审计部门的职责。

27. 工程量管理

工程量管理是指在工程项目实施过程中，依据设计图纸、工程设计变更和现场签证等，按照工程量计算规则，对施工工程量进行的计算和审核等管理工作。

28. 工程结算

工程结算是指对工程发承包合同价款进行约定和依据合同约定进行工程预付款、工程进度款、工程竣工价款结算的活动。工程结算范围包括工程建设全过程中的建筑工程费、安装工程费、设备购置费和其他费用等。

29. 竣工决算

竣工决算是综合反映基本建设工程投资情况、工程概预算执行情况、建设成果和财务状况的总结性文件，是正确核定新增资产价值的重要依据。

30. 行政许可

根据《中华人民共和国行政许可法》，行政许可是指行政机关根据公民、法人或者其他组织的申请，经依法审查，准予其从事特定活动的行为。建筑单位应依据行政法规流程，在政府设立的行政许可平台开展材料申报、招标、费用缴纳等工作。

31. 施工许可

根据《中华人民共和国建筑法》，建筑工程开工前，建设管理单位应当按照国家有关规定向工程所在地县级以上人民政府建设行政主管部门申请领取施工许可证。

32. 依托工程基建新技术研究项目

依托工程基建新技术研究项目是指解决工程建设过程中的技术难点，研究成果具有普及推广应用价值，依托配电网工程开展的专题研究项目。

33. 复工五项基本条件

（1）业主、监理、施工项目部主要负责人，安全管理、技术管理人员，施工负责人、专兼职安全员作业现场到位。

（2）业主项目部主持召开复工前“收心”会，全面掌握复工作业内容，保证施工作业力能配置完备，完成施工作业安全风险动态评估后，下达复工令。

（3）施工机械和安全防护设施经检查完好，组织开展作业环境踏勘并记录结果，与停工前存在较大变化的已完成专项措施制定。

（4）完成新入场人员安全教育培训，剔除培训考试不合格人员，再培训情况有记录，入场考试未通过人员流向清晰。

（5）作业人员熟悉施工方案和作业指导书，完成复工前的安全技术交底。

附录 B 施工项目部基本规范和标准配置表

分类	序号	名　　称	备　　注
法律法规	1	中华人民共和国民法典	中华人民共和国主席令第 45 号
	2	中华人民共和国环境保护法	中华人民共和国主席令第 9 号，2014 年 4 月 24 日修订
	3	中华人民共和国土地管理法	中华人民共和国主席令第 28 号，2019 年 8 月 26 日修订
	4	中华人民共和国水土保持法	中华人民共和国主席令第 39 号，2010 年 12 月 15 日修订
	5	中华人民共和国电力法	中华人民共和国主席令第 60 号，2018 年 12 月 9 日修订
	6	中华人民共和国安全生产法	中华人民共和国主席令第 13 号，2021 年 6 月 10 日修订
	7	中华人民共和国建筑法	中华人民共和国主席令第 46 号，2019 年 4 月 23 日修订
	8	中华人民共和国水土保持法实施条例	中华人民共和国国务院令第 120 号，2011 年 1 月 8 日修订
	9	建设项目环境保护条例	中华人民共和国国务院令第 253 号，2017 年 7 月 16 日修订
	10	中华人民共和国土地管理法实施条例	中华人民共和国国务院令第 256 号，2014 年 7 月 29 日修订
	11	建设工程质量管理条例	中华人民共和国国务院令第 279 号
	12	建设工程安全生产管理条例	中华人民共和国国务院令第 393 号
	13	生产安全事故报告和调查处理条例	中华人民共和国国务院令第 493 号
	14	建设项目用地预审管理办法	中华人民共和国国土资源部令第 42 号，2016 年 11 年 25 日修订
	15	建筑工程施工发包与承包计价管理办法	中华人民共和国住房和城乡建设部令第 16 号
	16	建设工程价款结算试行办法	财建〔2004〕369 号
	17	建筑安装工程费用项目组成	建标〔2013〕44 号

续表

分类	序号	名　　称	备　　注
法律法规	18	工程建设标准强制性条文 房屋建筑部分	2013 年版
	19	工程建设标准强制性条文 电力工程部分	2016 年版
国家现行标准及文件	20	建设工程项目管理规范	GB/T 50326—2017
	21	建设工程监理规范	GB/T 50319—2013
	22	城市电力规划规范	GB/T 50293—2014
	23	建设工程工程量清单计价规范	GB 50500—2013
	24	质量管理体系 基础和术语	GB/T 19000—2016
	25	质量管理体系 要求	GB/T 19001—2016
	26	供配电系统设计规范	GB 50052—2009
	27	3 ~ 110kV 高压配电装置设计规范	GB 50060—2008
	28	低压配电设计规范	GB 50054—2011
	29	20kV 及以下变电所设计规范	GB 50053—2013
	30	电力工程电缆设计标准	GB 50217—2018
	31	工程测量标准	GB 50026—2020
	32	湿陷性黄土地区建筑标准	GB 50025—2018
	33	钢筋混凝土用钢 第 1 部分：热轧光圆钢筋	GB 1499.1—2017
	34	钢筋混凝土用钢 第 2 部分：热轧带肋钢筋	GB 1499.2—2018
	35	通用硅酸盐水泥	GB 175—2007/XG3—2018
	36	土工试验方法标准	GB/T 50123—2019
	37	建设用砂	GB/T 14684—2022
	38	混凝土物理力学性能试验方法标准	GB/T 50081—2019
	39	建设工程施工现场供用电安全规范	GB 50194—2014
	40	电气装置安装工程 低压电器施工及验收规范	GB 50254—2014
	41	电气装置安装工程 电气设备交接试验标准	GB 50150—2016
	42	电气装置安装工程 电缆线路施工及验收标准	GB 50168—2018
	43	电气装置安装工程 接地装置施工验收及规范	GB 50169—2016
	44	电气装置安装工程 母线装置施工及验收规范	GB 50149—2010
	45	电气装置安装工程 盘、柜及二次回路接线施工及验收规范	GB 50171—2012
	46	电气装置安装工程 电力变压器、油浸电抗器、互感器施工及验收规范	GB 50148—2010

分类	序号	名　　称	备　　注
国家现行标准及文件	47	电气装置安装工程 66kV 及以下架空电力线路施工及验收规范	GB 50173—2014
	48	架空配电线路带电安装及作业工具设备	DL/T 858—2004
	49	电力金具通用技术条件	GB/T 2314—2008
	50	低压系统内设备的绝缘配合 第 1 部分：原理、要求和试验	GB/T 16935.1—2008
	51	低压系统内设备的绝缘配合 第 2-1 部分：应用指南 GB/T 16935 系列应用解释，定尺示例及介电试验	GB/T 16935.2—2013
	52	低压系统内设备的绝缘配合 第 3 部分：利用涂层、灌封和模压进行防污保护	GB/T 16935.3—2016
	53	低压系统内设备的绝缘配合 第 4 部分：高频电压应力考虑事项	GB/T 16935.4—2011
	54	低压系统内设备的绝缘配合 第 5 部分：不超过 2mm 的电气间隙和爬电距离的确定方法	GB/T 16935.5—2008
	55	绝缘配合 第 1 部分：定义、原则和规则	GB/T 311.1—2012
	56	配电线路带电作业技术导则	GB/T 18857—2019
	57	输电线路铁塔制造技术条件	GB/T 2694—2018
	58	圆线同心绞架空导线	GB/T 1179—2017
	59	高压绝缘子瓷件 技术条件	GB/T 772—2005
	60	农村电网改造升级工程验收指南	国能综新能〔2013〕92 号
	61	山东省中央预算内投资农村电网改造升级工程验收实施细则	鲁发改能交〔2016〕765 号
行业现行标准及文件	62	电力建设房屋工程质量通病防治工作规定	电建质监〔2004〕18 号
	63	电力建设工程监理规范	DL/T 5434—2021
	64	10kV 及以下架空配电线路设计规范	DL/T 5220—2021
	65	城市电力电缆线路设计技术规定	DL/T 5221—2016
	66	架空绝缘配电线路设计技术规程	DL/T 601—1996
	67	跨越电力线路架线施工规程	DL/T 5106—2017
	68	架空输电线路杆塔结构设计技术规程	DL/T 5486—2020
	69	架空输电线路基础设计技术规程	DL/T 5219—2014
	70	建筑施工高处作业安全技术规范	JGJ 80—2016
	71	施工现场临时用电安全技术规范	JGJ 46—2005

续表

分类	序号	名　　称	备　　注
行业现行标准及文件	72	建筑工程冬期施工规程	JGJ/T 104—2011
	73	普通混凝土配合比设计规程	JGJ 55—2011
	74	电力工程地基处理技术规程	DL/T 5024—2020
	75	建筑地基处理技术规范	JGJ 79—2012
	76	钢筋焊接及验收规程	JGJ 18—2012
	77	普通混凝土用砂、石质量及检验方法标准	JGJ 52—2006
	78	混凝土用水标准	JGJ 63—2006
	79	回弹法检测混凝土抗压强度技术规程	JGJ/T 23—2011
	80	钢筋焊接接头试验方法标准	JGJ/T 27—2014
	81	交流电气装置的过电压保护和绝缘配合	DL/T 620—1997
	82	电气装置安装工程质量检验及评定规程	DL/T 5161.1 ~ 5161.17—2018
	83	电力建设安全工作规程 第 2 部分：电力线路	DL 5009.2—2013
	84	输变电工程架空导线（800mm^2 以下）及地线液压压接工艺规程	DL/T 5285—2018
	85	输变电钢管结构制造技术条件	DL/T 646—2021
	86	架空绝缘配电线路施工及验收规程	DL/T 602—1996
	87	电力电缆线路运行规程	DL/T 1253—2013
	88	配电自动化技术导则	DL/T 1406—2015
	89	电力建设工程工程量清单计算规范 变电工程	DL/T 5341—2021
国网公司现行标准及文件	90	城市电力网规划设计导则	Q/GDW156—2006
	91	配电自动化主站系统功能规范	Q/GDW 513—2010
	92	配电自动化终端子站功能规范	Q/GDW 514—2010
	93	电网视频监控系统及接口　第 3 部分：工程验收	Q/GDW 517.3—2012
	94	配电网运行规程	Q/GDW 1519—2014
	95	10kV 架空配电线路带电作业管理规范	Q/GDW 520—2010
	96	电力光纤到户组网典型设计	Q/GDW 541—2010
	97	电力光纤到户运行管理规范	Q/GDW 542—2010
	98	电力光纤到户施工及验收规范	Q/GDW 543—2010
	99	地区电网自动电压控制 (AVC) 技术规范	Q/GDW 619—2011
	100	配电自动化建设与改造标准化设计技术规定	Q/GDW 1625—2013

分类	序号	名　称	备　注
国网公司现行标准及文件	101	配电自动化系统运行维护管理规范	Q/GDW 626—2011
	102	配电网设备状态检修试验规程	Q/GDW 643—2011
	103	配电网设备状态检修导则	Q/GDW 644—2011
	104	配电网设备状态评价导则	Q/GDW 645—2011
	105	10kV 电缆线路不停电作业技术导则	Q/GDW 710—2012
	106	10kV 带电作业用绝缘防护用具、遮蔽用具技术导则	Q/GDW 711—2012
	107	10kV 带电作业用绝缘平台	Q/GDW 712—2012
	108	有载调容配电变压器选型导则	Q/GDW 731—2012
	109	电网快速暂态电压记录系统技术条件	Q/GDW 732—2012
	110	智能变电站网络报文记录及分析装置检测规范	Q/GDW 733—2012
	111	配电网技术改造选型和配置原则	Q/GDW 741—2012
	112	配电网施工检修工艺规范	Q/GDW 10742—2016
	113	配电网技改大修技术规范	Q/GDW 743—2012
	114	配电网技改大修项目交接验收技术规范	Q/GDW 744—2012
	115	配电网设备缺陷分类标准	Q/GDW 745—2012
	116	变电设备状态接入控制器技术规范	Q/GDW 749—2012
	117	12kV 固体绝缘环网柜技术条件	Q/GDW 730—2012
	118	国家电网有限公司十八项电网重大反事故措施（修订版）	国家电网设备〔2018〕979 号
	119	国家电网公司带电作业工作管理规定（试行）	国家电网生〔2007〕751 号
	120	配电网运维与检修管理标准和工作标准	国家电网运检〔2012〕770 号
	121	配电自动化试点建设与改造技术原则基本建设投资管理办法	国网生配电〔2009〕196 号
	122	10 千伏城市配电网技术改造指导意见	国网生配电〔2012〕9 号
	123	国家电网公司安全工作规定	国网（安监 /2）406—2014
	124	电力生产事故调查规程	国家电网安监〔2011〕2024 号
	125	国家电网公司电力安全工器具管理规定	国网（安监 /4）289—2014
	126	国家电网公司安全技术劳动保护七项重点措施（试行）	国家电网安监〔2006〕618 号
	127	国家电网公司安全风险管理体系实施指导意见	国家电网安监〔2007〕206 号

续表

分类	序号	名　称	备　注
国网公司现行标准及文件	128	国家电网公司应急工作管理规定	国网（安监/2）483—2014
	129	国家电网公司电力安全工作规程（配电部分）（试行）	国家电网安质〔2014〕265号
	130	国家电网公司加强建设工程分包安全监督若干重点要求	国家电网安监〔2009〕998号
	131	国家电网公司建设项目档案管理办法	国家电网办〔2010〕250号
	132	基建类和生产类标准差异协调统一条款（输电线路部分）	国家电网办基建〔2008〕1号
	133	基建类和生产类标准差异协调统一条款（变电部分）	国家电网办基建〔2008〕20号
	134	电网设备技术标准差异条款统一意见	国家电网科〔2014〕315号
	135	国家电网公司技术标准管理办法	国家电网科〔2007〕211号
	136	国家电网公司电力建设工程施工技术管理导则	国家电网工〔2003〕153号
	137	国家电网公司电力建设起重机械安全监督管理办法	国网（安监/4）482—2014
	138	国家电网公司农网改造升级工程管理办法	国家电网企管〔2014〕216号
	139	国家电网公司农村用电安全工作管理办法	国家电网企管〔2014〕216号
	140	国家电网公司安全隐患排查治理管理办法	国网（安监/3）481—2014
	141	低压综合配电箱选型技术原则和检测技术规范	Q/GDW 11221—2014
	142	配电网低励磁阻抗变压器接地保护装置技术规范	Q/GDW 11222—2014
	143	分布式电源调度运行管理规范	Q/GDW 11271—2014
	144	国家电网公司配电网工程典型设计（2016年版）	中国电力出版社出版（2016年）
	145	国家电网公司380/220V配电网工程典型设计（2018年版）	中国电力出版社出版（2018年）
	146	带电作业用消弧开关导则	Q/GDW 1738—2012
	147	国家电网公司配电网优质工程评选管理办法	国网（运检/3）922—2018
	148	国家电网公司配电网规划内容深度规定	Q/GDW 1865—2012
	149	10kV三相非晶合金铁心配电变压器技术条件	Q/GDW 1771—2013
	150	10kV三相非晶合金铁心配电变压器试验导则	Q/GDW 1772—2013
	151	10kV带电作业用消弧开关技术条件	Q/GDW 1811—2013
	152	10kV旁路电缆连接器使用导则	Q/GDW 1812—2013
	153	配电网架空绝缘线路雷击断线防护导则	Q/GDW 1813—2013

续表

分类	序号	名　　称	备　　注
国网公司现行标准及文件	154	电力电缆线路分布式光纤测温系统技术规范	Q/GDW 1814—2013
	155	储能系统接入配电网运行控制规范	Q/GDW 696—2011
	156	储能系统接入配电网监控系统功能规范	Q/GDW 697—2011
	157	分布式电源接入配电网测试技术规范	Q/GDW 666—2011
	158	分布式电源接入配电网运行控制规范	Q/GDW 667—2011
	159	配电自动化终端设备检测规程	Q/GDW 639—2011
国网山东电力现行文件及规范	160	10kV 配电变压器选型指导意见	鲁电运检〔2015〕874 号
	161	配电网设备选型和配置原则	鲁电运检〔2016〕50 号
	162	中低压配电网工程标准工艺	中国电力出版社出版（2015 年）
	163	山东省电力公司中低压配电网工程装置性违章及解析	中国电力出版社出版（2016 年）
	164	山东省电力公司配电网工程施工技术交底手册	中国电力出版社出版（2016 年）
	165	国网山东省电力公司中低压配电网工程管理办法	鲁电企管〔2016〕199 号
	166	国网山东省电力公司关于规范资产处置管理的指导意见	鲁电财〔2015〕418 号
	167	10 千伏及以下配电网工程项目档案管理办法	鲁电办〔2019〕868 号

附录C 管理模板

C1 施工项目部设置部分

PSSZ001：施工项目部组织机构成立通知

××公司文件

××××〔20××〕××号

关于成立××供电公司20××年10kV及以下配电网基建工程施工项目部的通知

各有关单位、部门：

为确保××供电公司20××年度10kV及以下配电网基建工程顺利实施，按照标准化管理相关要求及投标承诺，特成立“××供电公司20××年配电网工程施工项目部”，履行项目管理职责，施工项目部组织机构详见附件。

正式启用××公司“××供电公司配电网工程施工项目部”印章，印鉴样：

特此通知。

附件1：施工项目部组织机构表

附件2：施工项目部施工任务清单

施工单位（章）：

______年__月__日

填写、使用说明：

（1）施工项目部组织机构应由中标单位以公文形式行文成立，本模板适用于框架协议中标单位行文使用。

（2）以下达项目框架应用合同为依据，在签订框架协议合同后30日或在业主实际需求时限内组建施工项目部，同时按工作承载力，单个施工项目部管理线路工程路径长度/台区数量不得超过50 km/100个（或同等工程量）。相关成立文件报送建设管理单位和监理单位。

PSSZ002：工程质量终身责任承诺书

工程质量终身责任承诺书

建档日期：　　年　月　日

法定代表人授权书

兹授权我单位____________同志担任___________________工程项目的（设计、施工、监理）项目负责人，对该工程项目的（设计、施工、监理）工作实施组织管理，依据国家有关法律法规及标准规范履行职责，并依法完成合同规定全部（设计、施工、监理）任务。

本授权书自授权之日起生效。

被授权人基本情况			
姓名		身份证号	
注册执业资格		注册执业证号	
		被授权人签字：	

注 1. 需附项目负责人执业资格证书、身份证以及法人代表身份证复印件。
2. 本授权书一式二份，一份由建设单位收集管理，工程竣工验收合格后移交档案管理部门；一份各方责任主体留存。

授权单位（章）：

法定代表人（签字）：_________

授权日期：____年___月___日

工程质量终身责任承诺书

本人受　　　　　　　　　　　　　　　　单位（法定代表人　　　　　　　　　）授权，担任　　　　　　　　　　　　　　　　　　工程项目的（设计、施工、监理）项目负责人，对该工程项目的（设计、施工、监理）工作实施组织管理。本人承诺严格依据国家有关法律法规及标准规范履行职责，并对设计使用年限内的工程质量承担相应终身责任。

承诺人签字：______________

身份证号：______________

注册执业资格：______________

注册执业证号：______________

签字日期：　　年　　月　　日

PSSZ003：施工项目部组织机构表

施工项目部组织机构表

施工项目部名称				
姓名	施工项目部岗位	单位	职称 / 资格证书	联系电话
	项目经理			
	安全员			
	质检员			
	技术员			
	造价员			
	信息资料员			
	材料员			
	…			

其他需要说明事项：

施工项目部联系方式：

电话：　　　　传真：　　　　邮箱：

注　施工项目部配置人员数量不得少于 5 人，且项目经理和安全员不得兼任。

PSSZ004：施工项目部施工任务清单

施工项目部施工任务清单

项目部名称：

序号	项目名称	规模		开工时间	投产时间
		线路	配变		

注 根据项目匹配情况适时进行滚动修编。

C2 项目管理部分

PSXM001：施工项目部管理人员资格报审表

施工项目部管理人员资格报审表

工程名称： 编号：

<table>
<tr><td colspan="5">致________________监理项目部：
现报上本项目部主要施工管理人员名单及其资格证件，请查验。工程进行中如有调整，将重新统计并上报。</td></tr>
<tr><td>序号</td><td>姓名</td><td>岗位</td><td>证件名称</td><td>有效期至</td></tr>
<tr><td></td><td></td><td></td><td></td><td></td></tr>
<tr><td></td><td></td><td></td><td></td><td></td></tr>
<tr><td></td><td></td><td></td><td></td><td></td></tr>
<tr><td colspan="5">附件：相关资格证件

施工项目部（章）：
项目经理：
日期：</td></tr>
<tr><td colspan="5">监理项目部审查意见：

监理项目部（章）：
总监理工程师：
日期：</td></tr>
</table>

注 本表一式____份，由施工项目部填报，业主项目部、监理项目部各____份，施工项目部留存____份。

填写、使用说明：

（1）主要施工管理人员包括项目经理、专职质检员、专职安全员等。

（2）按有关规定，项目经理、专职质检员、专职安全员必须经过相关培训，持证上岗。

（3）施工项目部应对其报审的复印件进行确认，并注明原件存放处。

（4）监理项目部审查要点：①主要施工管理人员是否与投标文件一致；②人员数量是否满足工程施工管理需要；③更换项目经理是否经建设管理单位书面同意；④应持证上岗的人员所持证件是否有效。

PSXM002：项目管理实施规划报审表（附件：项目管理实施规划/施工组织设计）

项目管理实施规划报审表

工程名称：　　　　　　　　　　　　　　　　　　　　　　　　　　　　　　　　编号：

<table>
<tr><td>致________________监理项目部：
我方已根据施工合同的有关规定完成了 ××× 配电网工程项目管理实施规划（施工组织设计）的编制，并经我单位主管领导批准，请予以审查。
附件：项目管理实施规划/施工组织设计

施工项目部（章）：
项目经理：
日期：</td></tr>
<tr><td>监理项目部审查意见：

监理项目部（章）：
总监理工程师：
专业监理工程师：
日期：</td></tr>
<tr><td>业主项目部审批意见：

业主项目部（章）：
项目经理：
日　期：</td></tr>
</table>

注　本表一式______份，由施工项目部填报，业主项目部、监理项目部各____份，施工项目部留存____份。

填写、使用说明：

（1）项目管理实施规划（施工组织设计）应由项目经理组织编制，施工单位相关职能管理部门审核，施工企业技术负责人批准。文件封面的落款为施工单位名称，并加盖施工单位章。

（2）监理项目部应从以下方面进行审查并提出监理意见：文件的内容是否完整，施工总进度计划是否满足合同工期，是否能够保证施工的连续性、紧凑性、均衡性；总体施工方案在技术上是否可行，经济上是否合理，施工工艺是否先进，能否满足施工总进度计划要求，安全文明施工、环保措施是否得当；施工现场平面布置是否合理，是否符合工程安全文明施工总体策划，是否与施工总进度计划相适应，是否考虑了施工机具、材料、设备之间在空间和时间上的协调；资源供应计划是否与施工总进度计划和施工方案相一致等。

××××工程
项目管理实施规划／施工组织设计

施工单位（章）

年　月　日

批　准：（企业技术负责人）　　年　月　日

审　核：（企业安全管理部门）　　年　月　日

（企业质量管理部门）　　年　月　日

（企业技术管理部门）　　年　月　日

编　写：（项目经理）　　年　月　日

（主要编写人员）　　年　月　日

目　　次

（包括但不限于）

9.5　资金需求计划

10　施工管理与协调

10.1　技术管理及要求

10.2　物资管理及要求

10.3　资金管理及要求

10.4　作业队伍及管理人员管理及要求

10.5　协调工作（参建方、外部）

10.6　分包计划与分包管理

10.7　计划、统计和信息管理

10.8　资料管理

11　标准工艺施工

11.1　标准工艺实施目标及要求

11.2　标准工艺及技术控制措施

11.3　工艺标准、施工要点及实施效果

11.4　标准工艺成品保护措施

12　创优策划

12.1　施工创优目标

12.2　施工创优管理措施

13　施工新技术应用

13.1　采用新设备

13.2　采用新工艺

13.3　采用新材料

14　主要技术经济指标

14.1　项目技术经济指标

14.2　降低成本计划与措施

PSXM004：施工进度计划报审表

施工进度计划报审表

工程名称：　　　　　　　　　　　　　　　　　　　　　　　　　　　　　　编号：

致＿＿＿＿＿＿＿＿＿＿＿监理项目部： 现报上工程施工进度计划 / 停电计划需求表，请审查。 附件：工程施工进度计划 / 停电计划需求表 施工项目部（章）： 项目经理： 日期：
监理项目部审查意见： 监理项目部（章）： 总监理工程师： 专业监理工程师： 日期：
业主项目部审批意见： 业主项目部（章）： 项目经理： 日期：

注　本表一式＿＿份，由施工项目部填报，业主项目部、监理项目部各＿＿＿份，施工项目部留存＿＿＿份。

PSXM005：施工进度计划

施工进度计划

编号：

序号	项目批次	项目名称	项目类别	费用（万元）	物资到货	土建施工	线路施工	设备安装	竣工验收	结算

注 本表中所列内容可根据不同项目类型实际进行增减调整。

PSXM006：停电计划需求表

停电计划需求表

编号：

序号	工程名称	主要工作内容	停电设备及范围	计划停电时间	停电天数	备注

联系人：　　　　　　　　　　　　填报时间：

注　本表格为推荐模板。

PSXM007：物资需求计划

物资需求计划

工程名称： 编号：

序号	物料编码	物料描述	需求数量	计量单位	需求日期	交货地点及交货方式

注 本表中所列内容可根据不同项目类型实际进行增减调整。

PSXM008：工程开工报审表

工程开工报审表（10kV 及以下配电网工程）

工程名称： 编号：

<table>
<tr><td>致＿＿＿＿＿＿＿＿＿＿＿监理项目部：
我方承担建设的＿＿＿＿＿＿＿＿＿工程，已完成开工前各项准备工作，特申请于＿＿＿＿年＿＿月＿＿日开工，请审查。
□批次工程项目管理实施规划已审批。
□业主项目部已组织设计、安全技术交底和施工图会检。
□相关工程施工方案按要求编审后，监理项目部已审查、业主项目部已审批。
□完成项目部主要施工负责人及分包单位有关人员交底工作。
□物资、材料能满足连续施工的需要，质量合格，如不符合要求时，督促责任厂家更换。
□主要测量、计量器具的规格、型号、数量、证明文件等内容符合规定，并与实际相符。
□主要施工机械、工器具、安全防护用品（用具）的安全性能证明文件，重要设施（大中型起重机械、跨越架，施工用电等）安全检查签证等内容，与相关报审表一致。
□对进场的施工人员，包括分包人员，已进行安全技术培训，经考试合格，并报监理、业主项目部备案。

施工项目部（章）：
项目经理：
日期：</td></tr>
<tr><td>监理项目部审查意见：

监理项目部（章）：
总监理工程师：
日期：</td></tr>
<tr><td>业主项目部审批意见：
□工程已核准

业主项目部（章）：
项目经理：
日期：</td></tr>
</table>

注 本表一式＿＿份，由施工项目部填报，业主项目部、监理项目部各＿＿份，施工项目部留存＿＿份。

填写、使用说明：

（1）监理项目部审查确认后在框内打“√”。

（2）业主项目部审查确认后在“工程已经核准”前框内打“√”。

（3）监理项目部审查要点：①工程各项开工准备是否充分；②相关的报审是否已全部完成，未核准项目原则上不允许开工；③是否具备开工条件。

PSXM009：工程复工申请表

工程复工申请表

工程名称： 编号：

<table>
<tr><td>致______________________监理项目部：
第___________号工程暂停令指出的工程停工因素现已全部消除，具备复工条件。特报请审查，请予批准复工。
附件：复工申请报告。

施工项目部（章）：
项目经理：
日期：</td></tr>
<tr><td>监理项目部审查意见：

监理项目部（章）：
总监理工程师：
日期：</td></tr>
<tr><td>业主项目部审批意见：

业主项目部（章）：
项目经理：
日期：</td></tr>
</table>

注 本表一式_____份，由施工项目部填报，业主项目部、监理项目部各_____份，施工项目部留存_____份。

填写、使用说明：

（1）施工项目部在接到工程暂停令后，针对监理项目部指出的问题采取整改措施，整改完毕，就整改结果逐项进行自查，并应写出自查报告，报监理项目部。

（2）监理项目部审查要点：①整改措施是否有效；②停工因素是否已全部消除；③是否具备复工条件。

（3）本文件必须由总监理工程师签字。

PSXM010：工程施工月报

工程施工月报

1 本月工程管理情况

  1.1 工程建设进度完成情况

  1.2 工程建设重点工作完成情况（安全质量、重点项目推进，上月安排重点工作等完成情况）

2 工程存在问题及建议

  2.1 上月提出问题闭环整改情况

  2.2 本月工程问题和建议

3 下月工作安排

  3.1 工程进度安排

  3.2 下一步重点工作

PSXM011：会议纪要

会 议 纪 要

工程名称：　　　　　　　　　　　　　　　　　　　　　　　　　　　编号：

<table>
<tr><td>会议地点</td><td></td><td>会议时间</td><td></td></tr>
<tr><td>会议主持人</td><td></td><td>签发</td><td></td></tr>
<tr><td colspan="4">会议主题：</td></tr>
<tr><td colspan="4">本次会议内容：</td></tr>
<tr><td>主送单位</td><td colspan="3"></td></tr>
<tr><td>抄送单位</td><td colspan="3"></td></tr>
<tr><td>发文单位</td><td></td><td>发文时间</td><td></td></tr>
</table>

附件

____________会议签到表

会议地点　　　　　　　　　　　　　　　　　　　　　　　　　　　　会议时间

序号	姓名	工 作 单 位	职务 / 职称	联系方式

PSXM012：监理通知回复单

监理通知回复单

工程名称： 编号：

<table>
<tr><td>致____________________监理项目部：
我方接到编号为__________的监理通知后，已按要求完成了______________工作，现报上，请予以复查。

详细内容：

附件：

施工项目部（章）：
项目经理：
日期：</td></tr>
<tr><td>监理项目部复查意见：

监理项目部（章）：
总/专业监理工程师：
日期：</td></tr>
</table>

注 本表一式_____份，由施工项目部填报，业主项目部、监理项目部各_____份，施工项目部留存_____份。

填写、使用说明：

（1）本表为监理通知单的闭环回复单。

（2）如监理通知单所提出内容需整改，施工项目部应按整改要求在规定时限内整改完毕，并以书面材料报监理。

PSXM013：工程总结

工程总结大纲

一、工程概况

1. 工程规模

（1）工程建设意义、背景及工程地址路径。

（2）基础（杆塔）数量、线路长度。

（3）主要设备材料型号、参数（变压器、开关柜、杆塔、接地、绝缘、导地线、光缆等）。

2. 主要参建单位（建设、设计、施工、监理）

3. 施工主要进度节点

（1）开、竣工日期。

（2）验收日期（三级自检、中间验收、竣工验收、启动投运日期）。

4. 施工大事记

二、施工管理工作总结

1. 项目管理总结

2. 安全管理总结

3. 质量管理总结

4. 技术管理总结

5. 造价管理总结

三、本项目主要经验与教训

四、工程遗留问题与备忘录

1. 未完成的项目和原因及影响工程功能使用的程度

2. 后续完成计划

PSXM014：分包计划申请表

分包计划申请表

工程名称： 编号：

<table>
<tr><td colspan="6">致＿＿＿＿＿＿＿＿＿＿＿＿＿监理项目部：
经策划，我方提出如下分包计划申请，请予以审查和批准。</td></tr>
<tr><td>序号</td><td>分包范围
（施工内容及工程量）</td><td>分包性质</td><td>工程地点</td><td>计划工期</td><td>拟分包工程总价
（万元）</td></tr>
<tr><td></td><td></td><td></td><td></td><td></td><td></td></tr>
<tr><td></td><td></td><td></td><td></td><td></td><td></td></tr>
<tr><td></td><td></td><td></td><td></td><td></td><td></td></tr>
<tr><td colspan="5">合计</td><td></td></tr>
<tr><td colspan="6">施工项目部（章）：
项目经理：
日期：</td></tr>
<tr><td colspan="6">监理项目部审查意见：

监理项目部（章）：
总监理工程师：
日期：</td></tr>
<tr><td colspan="6">业主项目部审批意见：

业主项目部（章）：
项目经理：
日期：</td></tr>
</table>

注 本表一式＿＿份，由施工项目部填报，业主项目部、监理项目部各＿＿份，施工项目部留存＿＿份。

PSXM015：施工分包申请表

施工分包申请表

工程名称：　　　　　　　　　　　　　　　　　　　　　　　　　　　　　　　　　　编号：

<table>
<tr><td colspan="6">致______________________监理项目部：
　　经考察，我方认为拟选择的______________（分包单位）具有承担下列工程的施工资质和施工能力，可以保证本工程项目按合同的规定进行施工。分包后，我方仍承担总包单位的全部责任。请予以审查和批准。
　　附件：1. 分包单位资质材料
　　　　　2. 分包单位业绩资料
　　　　　3. 拟分包合同、拟签订的安全协议
　　　　　4. 分包单位专职管理人员及特种作业人员资格证和上岗</td></tr>
<tr><td>序号</td><td>分包工程名称（部位）</td><td>分包性质</td><td>工作量</td><td>计划工期</td><td>拟分包工程合同额（万元）</td></tr>
<tr><td></td><td></td><td></td><td></td><td></td><td></td></tr>
<tr><td></td><td></td><td></td><td></td><td></td><td></td></tr>
<tr><td></td><td></td><td></td><td></td><td></td><td></td></tr>
<tr><td colspan="5">合计</td><td></td></tr>
<tr><td colspan="6">施工项目部（章）：
项目经理：
日期：</td></tr>
<tr><td colspan="6">监理项目部审查意见：

监理项目部（章）：
总监理工程师：
日期：</td></tr>
<tr><td colspan="6">业主项目部审批意见：

业主项目部（章）：
项目经理：
日期：</td></tr>
</table>

注　本表一式_____份，由施工项目部填报，业主项目部、监理项目部各_____份，施工项目部留存_____份。

PSXM016：施工项目部经理变更申请表

施工项目部经理变更申请表

工程名称：　　　　　　　　　　　　　　　　　　　　　　　　　　　　编号：

<table>
<tr><td>致____________________监理项目部：
因____________________，免去__________同志工程项目经理职务，由__________同志担任。
因____________________，__________同志工程 ××× 员变更为__________同志担任。
敬请批准。
附件：1. 施工单位关于项目经理变更的通知函
2. 项目经理工作简历
3. 项目经理身份证、建造师资格证书、安全资格证复印件

施工项目部（章）：
日期：</td></tr>
<tr><td>监理项目部审查意见：

监理项目部（章）：
总监理工程师：
日期：</td></tr>
<tr><td>业主项目部审批意见：

业主项目部（章）：
项目经理：
日期：</td></tr>
</table>

注　本表一式______份，由施工项目部填报，业主项目部、监理项目部各______份，施工项目部留存______份。

PSXM017：文件收发记录表

文件收发记录表

工程名称：

编号：

序号	文件名称及编号	文件来源/类别	接收	发放		
			接收人/日期	领取单位	份数	领取人/日期

C3 安全管理部分

PSAQ001：主要施工机械 / 工器具 / 安全防护用品（用具）报审表

主要施工机械 / 工器具 / 安全防护用品（用具）报审表

工程名称：　　　　　　　　　　　　　　　　　　　　　　编号：

<table>
<tr><td colspan="5">致______________________监理项目部：
现报上拟用于本工程的主要施工机械 / 工器具 / 安全防护用品（用具）清单及其检验资料，请查验。工程进行中如有调整，将重新统计并上报。
附件：相关检验证明文件</td></tr>
<tr><td>器具名称</td><td>检验证编号</td><td>数量</td><td>检验单位</td><td>有效期至</td></tr>
<tr><td></td><td></td><td></td><td></td><td></td></tr>
<tr><td></td><td></td><td></td><td></td><td></td></tr>
<tr><td></td><td></td><td></td><td></td><td></td></tr>
<tr><td colspan="5">施工项目部（章）：
项目经理：
日期：</td></tr>
<tr><td colspan="5">监理项目部审查意见：

监理项目部（章）：
专业监理工程师：
日期：</td></tr>
</table>

注　本表一式______份，由施工项目部填报，业主项目部、监理项目部各一份，施工项目部留存______份。

填写、使用说明：

（1）施工项目部在进行开工准备时，或拟补充进场主要施工机械或工器具或安全防护用品（用具）时，应将机械、工器具、安全防护用品（用具）的清单及检验、试验报告、安全准用证等报监理项目部查验。

（2）施工项目部应对其报审的复印件进行确认，并注明原件存放处。

（3）工作要点：①主要施工机械设备 / 工器具 / 安全用具的数量、规格、型号是否满足项目管理实施规划（施工组织设计）及本阶段工程施工需要；②机械设备定检报告是否合格；③安全用具的试验报告是否合格。

PSAQ002：工程安全文明施工设施标准化配置情况汇总表

工程安全文明施工设施标准化配置情况汇总表

<table>
<tr><th>序号</th><th>报验单号</th><th>对应合计折算金额</th></tr>
<tr><td></td><td></td><td></td></tr>
<tr><td></td><td></td><td></td></tr>
<tr><td></td><td></td><td></td></tr>
<tr><td></td><td></td><td></td></tr>
<tr><td colspan="2">工程投入的安全文明施工设施折算金额合计</td><td></td></tr>
<tr><td colspan="3">施工单位（章）：
项目经理（签字）：
日期：</td></tr>
<tr><td colspan="3">监理项目部（章）：
总监理工程师（签字）：
日期：</td></tr>
<tr><td colspan="3">建设管理单位（章）：
业主项目经理（签字）：
日期：</td></tr>
</table>

注 本表一式______份，由施工项目部填报，业主项目部、监理项目部各一份，施工项目部留存______份。

PSAQ003：安全管理台账目次

（包括但不限于以下内容）

PSAQ003-1：应有并做好以下账、表、册、卡

（1）安全法律、法规、标准、制度等有效文件清单。

（2）安全教育培训记录。

（3）安全考试登记台账。

（4）安全工作例会记录、安全活动记录。

（5）安全检查整改通知单、安全检查整改报告及复检单。

（6）安全施工作业票。

（7）特种作业人员登记台账及安全管理人员登记表。

（8）施工人员登记表。

（9）分包人员登记表（分包人员动态信息一览表）。

（10）分包队伍特种作业人员证件档案。

（11）重要设施安全检查签证记录。

（12）特种设备安全检验合格证。

（13）施工人员体检登记台账。

（14）分包商资质资料。

（15）分包合同和安全协议。

（16）安全工器具台账及检查试验登记台账。

（17）安全工器具及用品领用登记台账。

（18）安全文明施工费使用审核记录。

（19）现场应急处置方案及演练记录。

（20）安全奖励登记台账。

（21）各类事故及惩处登记台账、违章及处罚登记台账。

（22）安全罚款通知单。

（23）施工机具安全检查记录表

（24）施工安全固有风险识别、评估及预控措施清册。

（25）施工安全风险动态识别、评估及预控措施台账。

（26）施工作业风险现场复测单。

（27）施工风险管控动态公示牌。

（28）配电网工程安全施工作业票目次。

PSAQ003-2：施工队（班组）应有并做好以下账、表、册、卡

（1）安全活动记录。

（2）安全施工作业票。

（3）施工机具安全检查记录表。

（4）安全工具（防护用品）检查记录。

（5）安全文件收文台账。

（6）有关安全与环境的法律法规、规程、规定、措施、文件、安全简报、事故通报等。

注：按照以上要求建立台账，如遇有国网公司及上级新规定时，应及时补充、调整并加以完善。

PSAQ004：安全法律、法规、标准及制度等有效文件清单

安全法律、法规、标准及制度等有效文件清单

编号：

编号	法律法规、标准、制度名称	文号 / 档案号	备注
1			
2			
3			
4			
5			
6			
7			
8			
9			
10			

编制：　　　　审核：　　　　批准：

PSAQ005：安全教育培训记录

安全教育培训记录

编号：

工程名称		培训日期	
培训地点		培训课时	
主讲人		受培训人数	
培训组织人		受培训单位	
培训的主要内容：			

填写人：　　　　日期：

PSAQ006：安全考试登记台账

安全考试登记台账

项目名称： 编号：

序号	姓名	岗位 / 工种	考试时间	考试内容	成绩	备注

填表人： 日期：

PSAQ007：安全活动记录

安全活动记录

项目名称：　　　　　　　　　　　　　　　　　　　　　　　　编号：

<table>
<tr><td>主持人</td><td></td><td>时间</td><td>年　　月　　日　　时至　　时</td></tr>
<tr><td>记录人</td><td></td><td>地点</td><td></td></tr>
<tr><td>应参加人数</td><td></td><td colspan="2" rowspan="2">缺席人员名单：</td></tr>
<tr><td>实参加人数</td><td></td></tr>
<tr><td colspan="4">活动内容：</td></tr>
<tr><td colspan="4">问题反馈及落实措施：</td></tr>
<tr><td colspan="4">批复意见：</td></tr>
</table>

PSAQ008：安全检查整改通知单

安全检查整改通知单

项目名称：　　　　　　　　　　　　　　　　　　　　　　　　　　　　　　编号：

主送：
存在问题的单位及地点：
检查发现时间：______年_____月_____日_____时
存在问题及处理意见：

检查人员（签字）：

被通知单位（或施工队）负责人（签字）：

注　隐患及问题照片附后，一页不够可多页。

PSAQ009：安全检查整改报告及复检单

安全检查整改报告及复检单

项目名称：　　　　　　　　　　　　　　　　　　　　　　　　　　　　　编号：

对存在问题的整改结果：   被检查单位（或施工队）负责人（签字）： 申请复检日期：
整改验证结果及意见：   整改验证人（签字）： 复检确认日期：

注　留存整改后照片作附件，一页不够可多页。

PSAQ010：配电网工程安全施工作业票

配电网工程安全施工作业票

工程名称： 编号：

施工单位		施工班组（队）	
作业内容	（可多项）	作业位置	（可多地点）
计划开始时间	年 月 日 时	计划结束时间	年 月 日 时
实际开始时间	年 月 日 时	实际结束时间	年 月 日 时
施工人数	（含分包人员）		
施工负责人		安全监护人 （多地点作业应分别设监护人）	
分包单位		分包内容	
分包负责人		分包人数	
主要风险	1. 触电风险		
	2. 感应电伤人风险		
	3. 坠落风险		
	4. 落物风险		
	5. 倒杆断线风险		
	6. 其他风险		
具体分工（含特殊工种作业人员）：			
其他施工人员：			

续表

<table>
<tr><td colspan="4">作业必备条件及班前会检查</td></tr>
<tr><td colspan="4">是 否
1. 作业人员着装是否规范、精神状态是否良好，是否经安全培训 □ □
2. 特种作业人员是否持证上岗 □ □
3. 作业人员是否有妨碍工作的职业禁忌 □ □
4. 是否有超年龄或年龄不足参与作业 □ □
5. 施工机械、设备是否有合格证并经检测合格 □ □
6. 工器具是否经准入检查，是否完好，是否经检查合格有效 □ □
7. 是否配备个人安全防护用品并经检验合格，是否齐全、完好 □ □
8. 结构性材料是否有合格证 □ □
9. 按规定需送检的材料是否送检并符合要求 □ □
10. 安全文明施工设施是否符合要求，是否齐全、完好 □ □
11. 是否编制安全技术措施，安全技术方案是否制定并经审批或专家论证 □ □
12. 作业票是否已办理并进行交底 □ □
13. 施工人员是否参加过本工程技术安全措施交底 □ □
14. 施工人员对工作分工是否清楚 □ □
15. 各工作岗位人员对施工中可能存在的风险及预控措施是否明白 □ □</td></tr>
<tr><td colspan="4">作业过程预控措施及落实</td></tr>
<tr><td colspan="4">是 否
1. □ □
2. □ □
3. □ □
4. □ □
5. □ □</td></tr>
<tr><td colspan="4">现场变化情况及补充安全措施</td></tr>
<tr><td colspan="4"></td></tr>
<tr><td colspan="4">全员签名</td></tr>
<tr><td colspan="4"></td></tr>
<tr><td colspan="4">施工人员变更记录</td></tr>
<tr><td colspan="4"></td></tr>
<tr><td>审核人（安全、技术）</td><td></td><td>安全监护人</td><td></td></tr>
<tr><td>签发人（业主项目部）</td><td></td><td>签发人（施工单位）</td><td></td></tr>
<tr><td>签发日期</td><td colspan="3"></td></tr>
</table>

填写、使用说明：

（1）不同作业工序，当满足同一区域、同一班组、同一类型的条件时，可依据工程施工实际，合并办理一张作业票，按其中最高的风险等级确定作业票种类。

（2）作业票最大使用期限为 1 个自然月（30 天），超过 1 个月时，需重新办理并重新交底。

PSAQ011：特种作业人员登记台账

特种作业人员登记台账

项目名称：　　　　　　　　　　　　　　　　　　　　　　　　　　　　　　编号：

序号	姓名	年龄	性别	工种	证件编号	发证单位	所属单位	有效期至

填写人：　　　　　　　　　　　　　　　　　　　　　　　　　　　　填表日期：

填写、使用说明：

（1）在工程开工或相关工作开展前，填写本表。

（2）施工项目部应对留存的复印件进行确认，并注明原件存放处。

（3）特种作业是指电工作业、焊接与热切割作业、企业内机动车辆作业、高处作业、爆破作业、起重、机械作业等，特种作业人员必须经过有关政府主管部门培训取证。

（4）“有效期至”栏：填写下一次应复审的年、月、日。

PSAQ012：安全管理人员登记表

安全管理人员登记表

编号：

序号	姓名	性别	证书类型	职务	发证单位	证书编号	备注

填表人：　　　　　　　　　　　　　　　　　　　　填表时间：　　年　月　日

填写、使用说明：

（1）安全管理人员包括项目负责人、专职安全员、兼职安全员以及分包单位项目负责人、专职安全员、兼职安全员等。

（2）按有关规定，安全管理人员必须经过相关培训、持证上岗。

（3）施工项目部应对留存安全管理资格证书复印件进行确认，并注明原件存放处。

PSAQ013：施工人员登记表

施工人员登记表

项目名称：　　　　　　　　　　　　　　　　　　　　编号：

序号	姓名	性别	年龄	工作单位	岗位	资格证件持有情况	证件编号	证件到期时间	专业工作年限	体检情况	安全考试成绩	身份证号	社保编号	意外伤害保险办理情况	进场 / 出场日期

填写人：　　　　　　　　　　　　　　　　　　　　填表日期：

PSAQ014：重要设施安全检查签证记录

重要设施安全检查签证记录

项目名称：　　　　　　　　　　　　　　　　　　　　　　　　　　编号：

<table>
<tr><td>重要设施名称</td><td></td><td>计划使用时间</td><td>年　月　日</td></tr>
<tr><td>现场负责人</td><td></td><td>计划停用时间</td><td>年　月　日</td></tr>
<tr><td>检查内容</td><td colspan="2">检查标准及要求</td><td>检查结果</td></tr>
<tr><td></td><td colspan="2"></td><td></td></tr>
<tr><td></td><td colspan="2"></td><td></td></tr>
<tr><td></td><td colspan="2"></td><td></td></tr>
<tr><td></td><td colspan="2"></td><td></td></tr>
<tr><td></td><td colspan="2"></td><td></td></tr>
<tr><td></td><td colspan="2"></td><td></td></tr>
<tr><td></td><td colspan="2"></td><td></td></tr>
<tr><td></td><td colspan="2"></td><td></td></tr>
<tr><td></td><td colspan="2"></td><td></td></tr>
<tr><td></td><td colspan="2"></td><td></td></tr>
<tr><td></td><td colspan="2"></td><td></td></tr>
<tr><td></td><td colspan="2"></td><td></td></tr>
<tr><td></td><td colspan="2"></td><td></td></tr>
<tr><td colspan="4">施工项目部检查结论：

施工项目经理：
年　月　日</td></tr>
<tr><td colspan="4">监理项目部核查结论：

专业监理工程师：
年　月　日</td></tr>
</table>

注　重要设施包括大中型起重机械、整体提升脚手架或整体提升工作平台、模板自升式架设设施，脚手架，施工用电、水、气等力能设施，交通运输道路和危险品库房等；每一处重要设施填写一张表。

PSAQ015：施工人员体检登记台账

施工人员体检登记台账

项目名称： 编号：

序号	姓名	性别	年龄	职务 / 工种	体检医院	体检结果	体检日期	备注

填写人： 填表日期：

PSAQ016：安全工器具登记台账

安全工器具登记台账

编号：

序号	名称	规格型号	数量	质量验证	下次检验日期	存放位置	备注

填写、使用说明：

（1）“质量验证”栏：填写“合格”或“不合格”。

（2）“下次检验日期”栏：填写下一次应检验、试验日期。

PSAQ017：安全工器具检查试验登记台账

安全工器具检查试验登记台账

编号：

名称	型号规格	数量	周期检查试验							
			日期	地点	检试方法	检试数	合格率	不合格品处理	下次检验日期	试验负责人

填写人：　　　　　　填表日期：

PSAQ018：安全工器具及用品领用登记台账

安全工器具及用品领用登记台账

项目名称：　　　　　　　　　　　　　　　　　　　　编号：

领取日期	返还日期	名称	规格	数量	质量验证	领取单位	领取人	发放人

PSAQ019：现场应急处置方案演练记录

现场应急处置方案演练记录

编号：

<table>
<tr><td>处置方案名称</td><td></td><td>起止时间</td><td></td></tr>
<tr><td>演练类型</td><td></td><td>演练地点</td><td></td></tr>
<tr><td>总指挥</td><td></td><td>参加人数</td><td></td></tr>
<tr><td>参演单位</td><td colspan="3"></td></tr>
<tr><td colspan="4">演练目的、内容：</td></tr>
<tr><td colspan="4">演练实施情况记录（可另附详细记录）：</td></tr>
<tr><td colspan="4">预案演练效果评价：</td></tr>
<tr><td colspan="4">存在问题及改进措施：</td></tr>
<tr><td colspan="4">备注：</td></tr>
</table>

填写人：　　　　　　　　　　　　　　　　　　　　　填表日期：

PSAQ020：安全奖励登记台账

安全奖励登记台账

编号：

序号	日期	受奖单位或个人	奖励单位	奖励事由	奖励方式	备注

填写人：　　　　　　　　　　　　　　　　　　　　　　填表日期：

注　“奖励方式”包括荣誉、物资或奖励金额。

PSAQ021：各类事故及惩处登记台账

各类事故及惩处登记台账

编号：

序号	事故名称	被惩处的单位或个人	惩处事由	批准单位或批准人	惩处方式					备注
					罚款	通报	下浮工资	处分	其他	

填写人：　　　　　　　　　　填表日期：

PSAQ022：违章及处罚登记台账

违章及处罚登记台账

编号：

序号	违章情况	被罚款单位或个人	罚款依据	批准单位或批准人	罚款金额	备注

填写人：　　　　　　　　　　　　　　　　　　填表日期：

PSAQ023：安全罚款通知单

安全罚款通知单

项目名称： 编号：

<table>
<tr><td>被处罚单位</td><td></td><td>检查时间</td><td></td></tr>
<tr><td colspan="4">罚款事由：
经______________________检查，发现违反：

因上述原因，根据《__________________________________》的规定，对你单位罚款总计__________元，按有关规定将所罚款项交公司、分公司（项目部）财务部门办理。</td></tr>
<tr><td rowspan="2">被处罚人（签字）</td><td rowspan="2"></td><td>受罚单位负责人</td><td></td></tr>
<tr><td>罚款单签发人</td><td></td></tr>
<tr><td>备注</td><td colspan="3">1. 本单一式三份，一份送被检查单位，一份送经营和财务部门负责办理，一份留存。
2. 对被处罚人拒绝在整改通知单上签字的，应在整改通知单的相关栏目中注明情况。
3. 对分包单位的罚款应从安全文明施工保证金中予以扣除。</td></tr>
</table>

PSAQ024：施工机具安全检查记录表

施工机具安全检查记录表

编号：

序号	机具名称	型号规格	数量	定期检查						备注
				日期	地点	检查方法	检查数	合格率	检查人员	

填写人：　　　　　　　　　　填表日期：

PSAQ025：施工安全固有风险识别、评估及预控措施清册

施工安全固有风险识别、评估及预控措施清册

项目名称：　　　　　　　　　　　　　　　　　　　　　　　　　　　　编号：

序号	工序	作业内容及部位	风险可能产生的后果	固有风险评定 D_1	固有风险级别	预控措施

PSAQ026：施工安全风险动态识别、评估及预控措施台账

施工安全风险动态识别、评估及预控措施台账

项目名称：　　　　　　　　　　　　　　　　　　　　　　　　　　　　　　　　编号：

序号	工序	作业内容及部位	风险可能产生的后果	固有风险评定 D_1	固有风险级别	预控措施	项目动态风险评			项目补充预控措施
							动态调整系数 K	调整后风险值 D_2	动态风险级别	

PSAQ027：施工作业风险现场复测单

施工作业风险现场复测单

项目名称： 编号：

<table>
<tr><td>复测地点</td><td></td><td>日期时间</td><td></td><td>复测结论</td></tr>
<tr><td>复测人员</td><td colspan="3">（签字）</td><td rowspan="2"></td></tr>
<tr><td colspan="4">现场内容（画简易图或插入照片）</td></tr>
<tr><td colspan="4" rowspan="2"></td><td>现场主要安全风险及补充预控措施</td></tr>
<tr><td></td></tr>
</table>

填写、使用说明：此表于作业前，施工项目部组织安全员、技术员、施工负责人，对三级及以上的风险作业现场进行实地勘测；明确填写作业现场的实际情况（“现场内容”栏填写地形、地貌、土质、交通、周边环境、临边、临近带电或跨越等情况；“复测结论”栏填写实际测量的具体数值、现场施工布置、可采用的施工方法等；“补充预控措施”栏填写针对此现场复测情况应采取的补充预控措施，不必将原有的控制措施再填入）。

PSAQ028：施工风险管控动态公示牌

施工风险管控动态公示牌

工程名称：　　　　　　　　　　　　　　　　　　　　编号：

作业时间	作业地点	作业内容	主要风险	风险等级（颜色区别）	工作负责人	风险到岗监察人

填写、使用说明：本公示牌是在施工、监理项目部悬挂（合署办公可只在施工项目部悬挂），尺寸为1000mm×800mm。三、四、五级风险分别使用黄、橙、红色区别。风险到岗监察人是指施工单位有关领导，负责对现场三级及以上风险进行有效管控。

C4 质量管理部分

PSZL001：施工质量检验及评定范围划分报审表

施工质量检验及评定范围划分报审表

工程名称： 编号：

<table>
<tr><td>致______________________监理项目部：
现报上工程施工质量检验及评定范围划分表，请审查。
附件：配电工程施工质量检验及评定范围划分表

施工项目部（章）：
项目经理：
日期：</td></tr>
<tr><td>监理项目部审查意见：

监理项目部（章）：
专业监理工程师：
总监理工程师：
日期：</td></tr>
<tr><td>业主项目部审批意见：

业主项目部（章）：
项目经理：
日期：</td></tr>
</table>

注 本表一式______份，由施工项目部填报，业主项目部、监理项目部各存______份，施工项目部留存______份。

填写、使用说明：

（1）施工项目部在工程开工前，应对承包范围内的工程进行分项、检验批施工质量验收及评定范围项目划分，并将划分表报监理项目部审查。

（2）监理项目部应结合各分项工程的施工特点，明确划分原则。

（3）专业监理工程师审查要点：①施工质量验收及评定项目划分是否准确、合理、全面；②三级验收责任是否落实。

（4）总监理工程师审查通过后，报业主项目部审批。

附件

配电工程施工质量检验及评定范围划分表

编号：

单位工程	项目名称	质量检验标准及检查方法	质量检查记录	质量评定记录	施工单位	监理单位	业主单位

注 1. 本表一式____份，由施工项目部填报，监理项目部存____份，施工项目部留存____份。
2. 本表为推荐表格。

PSZL002：产品检验记录

产品检验记录

工程名称：

编号：

检验单位		工程名称		合同号		检验地点		
检验依据		生产厂家			供货单位			
序号	物资名称	规格型号	计量单位	进货数量	抽样比率或数量	到货日期	合格证及质量文件	包装形式
检验结果： 检验人： 日期：								
结论： 质检员： 日期：								

注 本表一式______份，由施工项目部填报，监理项目部______份，施工项目部留存______份。

PSZL003：甲供主要设备（材料 / 构配件）开箱申请表

甲供主要设备（材料 / 构配件）开箱申请表

工程名称：　　　　　　　　　　　　　　　　　　　　　　　　　　　　　　编号：

<table>
<tr><td>致________________监理项目部：
本工程设备已按合同供货计划进场，并保管于__________地点（仓库），为确认设备（材料、构配件）质量，现申请开箱抽检。
附件：拟开箱设备（材料、构配件）清单

施工项目部（章）：
项目经理：
日期：</td></tr>
<tr><td>监理项目部审查意见：

监理项目部（章）：
专业监理工程师：
日期：</td></tr>
<tr><td>业主项目部审批意见：

业主项目部（章）：
项目经理：
日期：</td></tr>
</table>

注 1. 本表一式____份，由施工项目部填报，监理项目部____份，施工项目部留存____份。
2. 本表式用于工程的设备、材料、构配件通用开箱申请通用报审表，根据实际情况分别采用。使用时，表头不做修改，填写内容中将设备 / 材料 / 构配件任选其一，其他删除不填。

PSZL004：特种作业人员报审表

特种作业人员报审表

工程名称：　　　　　　　　　　　　　　　　　　　　　　　　编号：

致＿＿＿＿＿＿＿＿＿＿监理项目部：

现报上本工程特种作业人员名单及其资格证件，请查验。工程进行中如有调整，将重新统计并上报。

附件：特种作业人员资格证件复印件

施工项目部（章）：

项目经理：

日期：

序号	姓名	工种	证件编号	发证单位	有效期至

检验结果：

检验人：

日期：

结论：

质检员：

日期：

注　本表一式＿＿份，由施工项目部填报，监理项目部＿＿份，施工项目部留存＿＿份。

填写、使用说明：

（1）施工项目部在进行工程开工或相关工程开展前，应将特种作业人员名单及人员资格证件复印件报监理项目部查验。

（2）施工项目部应对其报审的复印件进行确认，并注明原件存放处。

（3）审查要点：①特种作业人员的数量是否满足工程施工需要；②特种作业人员的资格证书是否有效。

PSZL005：检查问题整改通知单

检查问题整改通知单

工程名称				检查编号	
检查类型				检查日期	
问题编号	问题描述	问题归类	严重级别	整改责任单位	整改期限
1					
2					
3					
4					
…					
检查组长					
检查成员					

填写、使用说明：

（1）本通知单由业主项目部安全专责填写，适用业主项目部各类安全检查。其中检查类型、严重级别等信息应按提供的格式填写，便于分类分析。若今后要求在信息系统中填报，则依据最新要求填报。

（2）“检查类型”栏：选择填写“日检查、周检查、月度检查、随机抽查、专项检查、优质工程检查”等内容，没有的类型可不填写。

（3）“问题归类”栏：安全管理问题选择填写“业主项目部安全管理、监理项目部安全管理、施工项目部安全管理”；配变工程现场问题选择填写“现场安全文明施工管理、施工用电、脚手架、高处及起重作业、建筑工程、构架安装工程、电气安装工程、改扩建工程、其他”；线路工程现场问题选择填写“现场安全文明施工管理、施工用电、材料管理、起重机械、工器具、基础工程、杆塔工程、跨越架、架线工程、其他”。

（4）“严重级别”栏：选择填写“重大隐患、一般隐患、一般问题”。问题严重级别由业主项目部根据有关规定进行判别，其中，重大隐患是指可能造成人身死亡事故、重大及以上电网和设备事故的隐患，一般隐患是指可能造成人身重伤事故、一般电网和设备事故的隐患，非重大隐患和一般隐患的列为一般问题。

（5）现场安全违章照片可以作为附件。

PSZL006：检查问题整改反馈单

检查问题整改反馈单

工程名称		整改单位	

按照____________项目部下发的安全检查问题整改通知单（编号：　　　　　　　）所提问题，我们认真进行了整改，整改情况如下：

问题编号	问题描述	要求整改期限	整改结果	整改完成时间	责任人
1					
2					
3					
…					

监理项目部复查意见：

复查人（或委托人）		复查日期	

业主项目部复查意见：

复查人（或委托人）		复查日期	

填写、使用说明：

（1）需施工单位完成的整改问题，由监理项目部对其整改结果进行复核，复核通过后，由业主项目部对复核结果进行二次复核。

（2）需监理单位完成的整改问题，由业主项目部进行复核，“监理项目部复查意见”栏可不填写。

（3）整改前后对比照片可作为附件。

PSZL007：监理告知单

监理告知单

工程名称： 编号：

<table>
<tr><td>致______________________监理项目部：
我方根据施工计划于______年____月____日____时至______年____月____日____时进行_____________部位工序的施工 / 工程隐蔽，根据监理规划的要求，需对工序进行旁站监理 / 隐蔽验收，特予告知。

施工项目部（章）：
项目经理：
日期：</td></tr>
<tr><td>监理项目部意见：

监理项目部（章）：
总 / 专业监理工程师：
日期：</td></tr>
</table>

注 本单由施工项目部填报，监理项目部______份，施工项目部留存______份。

填写、使用说明：

（1）依据监理旁站方案，在需要实施旁站监理的关键部位、关键工序施工前 48h，施工项目部将告知单报监理项目部。

（2）同工序多个部位计划同时施工的，可合并为一张告知单上报。

（3）在隐蔽工程隐蔽前 48h，施工项目部将告知单报监理项目部。

PSZL008：试品 / 试件试验报告报验表

试品 / 试件试验报告报验表

工程名称：　　　　　　　　　　　　　　　　　　　　　　编号：

<table>
<tr><td>致____________________监理项目部：
　　试品 / 试件经试验单位试验，现报上试验报告，请查验。
　　附件：试品 / 试件试验报告单

施工项目部（章）：
项目经理：
日期：</td></tr>
<tr><td>监理项目部审查意见：

监理项目部（章）：
专业监理工程师：
日期：</td></tr>
</table>

注　本表一式_____份，由施工项目部填报，监理项目部_____份，施工项目部留存_____份。

工程安全 / 质量事件报告表

工程名称：　　　　　　　　　　　　　　　　　　　　　　　　　　　　　　　编号：

致________________________监理项目部： ______年___月___日___时___分在__________发生（质量）事故，特此报告。 附件：1. 事件情况报告 2. 事件现场照片 施工项目部（章）： 项目经理： 日期：
监理项目部意见： 监理项目部（章）： 总监理工程师： 日期：
业主项目部意见： 业主项目部（章）： 项目经理： 日期：

注　本表一式______份，由施工项目部填报，业主项目部、监理项目部各存______份，施工项目部留存______份。

乙供工程材料 / 构配件 / 设备进场报审表

工程名称： 编号：

<table>
<tr><td>致______________________监理项目部：
我方于_____年___月___日进场的工程材料 / 构配件 / 设备数量如下（见附件），经自检合格，现将出厂质量证明文件报上，拟用于下述部位：

请予以审核。
附件：1. 数量清单
2. 质量证明文件
3. 检查结果
4. 复试报告

施工项目部（章）：
项目经理：
日期：</td></tr>
<tr><td>监理项目部审查意见：

监理项目部（章）：
总 / 专业监理工程师：
日期：</td></tr>
</table>

注 本表一式_____份，由施工项目部填报，监理项目部存_____份，施工项目部留存_____份。

PSZL011：公司级专检申请表

公司级专检申请表

编号：

<table>
<tr><td>工程名称</td><td></td><td>施工地点</td><td></td></tr>
<tr><td>施工单位</td><td></td><td>施工日期</td><td></td></tr>
<tr><td colspan="4">一、工程简况
（简述本工程开竣工时间，工程规模及工程量。）
二、验收范围
（列出本次专检的工程范围。）
三、分项工程的质量验收情况
（简述本工程需验收的分项工程数量，质量合格率。）
四、工程资料情况
五、项目级复检情况及结果（附项目部检查记录）
六、存在的问题及整改情况（附工程质量问题处理单）</td></tr>
<tr><td colspan="4">验收结论及申请验收时间：
经项目部复检，工程质量符合设计要求，达到验收规范标准，工程资料齐全、填写正确、完整，申请公司于______年____月____日进行专检。（本结论为参考填写示例。）

施工项目部（盖章）：
项目经理：
日期：</td></tr>
</table>

填写、使用说明：

（1）此表为施工项目申请公司级专检用。

（2）项目级检查记录应涵盖相应的施工质量检验及评定规程中有关检查评级记录表中的所有项目。

（3）本表为推荐用表，不做强制性要求，如各施工单位内部质量管理体系中有要求时，可以采用体系用表。

PSZL012：竣工预验收申请表

竣工预验收申请表

工程名称：　　　　　　　　　　　　　　　　　　　　　　　　　　　　　　编号：

<table>
<tr><td>致____________________监理项目部：
经我公司三级自检，具备________阶段第______次工程预验收条件，特此申请，请审查。
附件：公司级专检报告

施工项目部（章）：
项目经理：
日期：</td></tr>
<tr><td>专业监理工程师审查意见：

专业监理工程师：
日期：</td></tr>
<tr><td>总监理工程师审批意见：

监理项目部（章）：
总监理工程师：
日期：</td></tr>
</table>

注　本表一式______份，由施工项目部填报，监理项目部存______份，施工项目部留存______份。

填写、使用说明：

（1）施工项目部完成相应工程的施工，并经班组、项目部、公司三级自检验收合格后，应将自检结果向监理项目部报验，并申请竣工预验收。

（2）监理项目部审查要点：①申请竣工预验收的工程是否已经施工单位三级自检验收合格；②三级自检验收及评定记录是否齐全；③其他技术资料是否齐全、合格。

附件

公司级专检报告

项目名称：　　　　　　　　工程

施工单位（章）

______年____月

<table>
<tr><td colspan="4">一、公司级专检简况</td></tr>
<tr><td>项目名称</td><td colspan="3"></td></tr>
<tr><td>时间</td><td></td><td>阶段</td><td></td></tr>
<tr><td>检查依据</td><td colspan="3"></td></tr>
<tr><td>检查项目
（抽检的各检验批部位）</td><td colspan="3"></td></tr>
<tr><td>公司级专检
组织及程序</td><td colspan="3"></td></tr>
<tr><td>公司级专检
过程总体描述</td><td colspan="3"></td></tr>
<tr><td colspan="4">二、工程概况</td></tr>
<tr><td>本期规模</td><td></td><td>远景规模</td><td></td></tr>
<tr><td>建设单位</td><td></td><td>建设管理单位</td><td></td></tr>
<tr><td>监理单位</td><td></td><td>设计单位</td><td></td></tr>
<tr><td>施工单位</td><td></td><td></td><td></td></tr>
<tr><td>主要工程形象进度</td><td colspan="3"></td></tr>
<tr><td colspan="4">三、综合评价</td></tr>
<tr><td>主要技术资料核查</td><td colspan="3"></td></tr>
<tr><td>工程重点抽查</td><td colspan="3"></td></tr>
<tr><td colspan="4">四、限期整改项目</td></tr>
<tr><td colspan="4"></td></tr>
<tr><td colspan="4">五、主要改进建议</td></tr>
<tr><td colspan="4"></td></tr>
<tr><td colspan="4">六、结论</td></tr>
<tr><td colspan="4"></td></tr>
<tr><td colspan="4">公司级专检负责人（签名）
年　　月　　日</td></tr>
</table>

续表

七、公司级专检成员名单				
序号	部门	专业	职务 / 职称	手写签名

C5 造价管理部分

PSZJ001：工程进度款报审表

工程进度款报审表

工程名称：　　　　　　　　　　　　　　　　　　　　　　　　　　　　编号：

<table>
<tr><td>致________________监理项目部：
　　我项目部于_____年___月___日至_____年___月___日共完成合同价款_____元，按合同规定扣除___%预付款和_____%质量保证金，特申请支付进度款__________元，请予审核。
　　其中：安全文明施工费本月完成_____元，累计完成_____元，完成总额的_____%。
　　附件：施工工程完成情况月报

施工项目部（章）：
项目经理：
日期：</td></tr>
<tr><td>监理项目部审查意见：

监理项目部（章）：
专业监理工程师：
总监理工程师：
日期：</td></tr>
<tr><td>业主项目部审批意见：

业主项目部（章）：
造价管理专责：
项目经理：
日期：</td></tr>
</table>

注　1. 本表一式_____份，由施工项目部填报，业主项目部、监理项目部各_____份，施工项目部留存_____份。
2. 每月15日前，报监理单位审查、业主项目部审批，列入下月资金计划。

附件

施工工程完成情况月报

年　　月　　　　　　　　　　　　　　　　　　单位：万元

序号	单位工程	投标价格	开工日期	竣工日期	完成投资		本月完成投资				月末形象进度	备注
					自上年末累计	自年初累计	合计	建筑	安装	其他		

单位负责人：　　　　　　审核：　　　　　制表人：　　　　　报出日期：　　年　　月　　日

注　当月设备就位，设备到货明细在“备注”栏填写。变压器、导线、地线型号及生产厂家在首次报表时填写在“备注”栏内（可采用 A3 纸）。

PSZJ002：工程设计变更审批单

工程设计变更审批单

工程名称： 编号：

<table>
<tr><td colspan="3">致______________（监理项目部）：

变更事由：

变更费用：
附件：1. 设计变更建议或方案
2. 设计变更费用计算书
3. 设计变更联系单（如有）

设总（签字）：
设计单位（盖章）：
日期： 年 月 日</td></tr>
<tr><td>监理单位意见：

总监理工程师（签字并盖项目部章）：
日期： 年 月 日</td><td>施工单位意见：

项目经理（签字并盖章）：
日期： 年 月 日</td><td>业主项目部（或县公司）审核意见：

项目经理（或分管领导）（签字并盖章）：
日期： 年 月 日</td></tr>
<tr><td colspan="3">

建设管理单位审批意见：
建设（质量）审核意见：
技经审核意见：
部门主管领导（签字并盖部门章）：
日期： 年 月 日</td></tr>
</table>

注 1. 本表一式五份（施工、设计、监理、业主项目部各一份，建设管理单位存档一份）。
2. 编号由监理项目部统一编制，作为审批设计变更的唯一通用表单。

PSZJ003：设计变更联系单

设计变更联系单

工程名称：　　　　　　　　　　　　　　　　　　　　　　　　　　　　　　　编号：

致________________（设计单位）： 由于________________原因，兹提出________________等设计变更建议，请予以审核。 附件：变更方案等相关附件   负责人（签字）： 提出单位（盖章）： 日期：　　年　　月　　日

注 1. 本表一式五份（施工、设计、监理、业主项目部各一份，建设管理单位存档一份）。

2. 编号由监理项目部统一编制，作为设计变更联系单的唯一通用表单。

3. 本表用于向设计单位提出非设计原因引起的设计变更，作为设计变更审批单的附件。

PSZJ004：一般签证审批单

现场签证审批单（一般）

工程名称：　　　　　　　　　　　　　　　　　　　　　　　　　　　　　编号：

<table>
<tr><td colspan="3">致______________（监理项目部）：
签证事由及内容：

签证费用：

附件：1. 现场签证方案
2. 签证费用计算书

项目经理（签字）：
施工单位（盖章）：
日期：　　年　月　日</td></tr>
<tr><td>监理单位意见：

总监理工程师（签字并盖项目部章）：

日期：　　年　月　日</td><td>设计单位意见：

设总（签字并盖公章）：

日期：　　年　月　日</td><td>建设管理单位（业主项目部）审批意见：

负责人（签字并盖项目部章）：

日期：　　年　月　日</td></tr>
</table>

PSZJ005：重大签证审批单

现场签证审批单（重大）

工程名称：　　　　　　　　　　　　　　　　　　　　　　　　　　编号：

<table>
<tr><td colspan="3">致＿＿＿＿＿＿＿＿＿＿＿（监理项目部）：

签证事由及内容：

签证费用：
附件：1. 现场签证方案
2. 签证费用计算书

项目经理（签字）：
施工单位（盖章）：
日期：　　年　　月　　日</td></tr>
<tr><td>监理单位意见：

总监理工程师（签字并盖项目部章）：

日期：　　年　　月　　日</td><td>设计单位意见：

设总（签字并盖公章）：

日期：　　年　　月　　日</td><td>业主项目部（或县公司）审核意见：

项目经理（或分管领导）（签字盖章）：

日期：　　年　　月　　日</td></tr>
<tr><td>市公司运检部审核意见：

部门主任（签字并盖部门章）：

日期：　　年　　月　　日</td><td>市公司审核意见：

分管领导（签字并盖公章）：

日期：　　年　　月　　日</td><td>省公司设备部审批意见：

分管主任（签字并盖部门章）：

日期：　　年　　月　　日</td></tr>
</table>

PSZJ006：现场签证执行报验单

设计变更（现场签证）执行报验单

工程名称：　　　　　　　　　　　　　　　　　　　　　　　　　　编号：

<table>
<tr><td>致________________监理项目部：
　　我方已完成__________号现场签证审批单全部内容的施工，请予以查验。详细情况说明如下：

项目经理：
施工项目部（章）：
日期：　　年　月　日</td></tr>
<tr><td>监理项目部审查意见：

专业监理工程师：
总监理工程师：
监理项目部（章）：
日期：　　年　月　日</td></tr>
</table>

C6 技术管理部分

PSJS001：施工方案（措施）报审表

施工方案（措施）报审表

工程名称： 编号：

致______________________监理项目部： 现报上工程施工方案（措施），请审查。 附件：工程施工方案（措施） 施工项目部（章）： 项目经理： 日期：
专业监理工程师审查意见： 专业监理工程师： 日期：
总监理工程师审查意见： 监理项目部（章）： 总监理工程师： 日期：

注 本表一式_____份，由施工项目部填报，监理项目部、施工项目部各存_____份。

填写、使用说明：

（1）此表用于常规施工方案的报审。

（2）施工项目部在分部工程动工前，应编制该分部工程主要施工工序的施工方案（措施、作业指导书），并报监理项目部审查。文件的编审批人员应符合国家、行业规程规范和国网公司规章制度要求。

（3）专业监理工程师审查要点：①文件的内容是否完整，编制质量好坏；②该施工方案（措施、作业指导书）制定的施工工艺流程是否合理，施工方法是否得当，是否先进，是否有利于保证工程质量、安全、进度；③安全危险点分析或危险源辨识、环境因素识别是否准确、全面，应对措施是否有效；④质量保证措施是否有效，针对性是否强，工程创优措施是否落实。

PSJS002：交底记录

交底记录

工程名称：　　　　　　　　　　　　　　　　　　　　　　　　　　　　编号：

<table>
<tr><td>项目名称</td><td></td><td>交底单位</td><td></td></tr>
<tr><td>交底主持人签名</td><td></td><td>交底日期</td><td></td></tr>
<tr><td>交底级别</td><td colspan="3">□公司级　□项目部级　□施工队级</td></tr>
<tr><td colspan="4">接受交底人签名：</td></tr>
<tr><td colspan="4">交底作业项目：</td></tr>
<tr><td colspan="4">主要交底内容：</td></tr>
<tr><td>交底人签名</td><td colspan="3"></td></tr>
</table>

注　1. 本表适用于技术、安全、质量等交底，“主要交底内容”栏体现具体的交底内容。
2. 本表由交底人填写。
3. 本表涉及被交底单位各留存一份。

附录 D　施工项目部综合评价表

D1　配电网工程施工项目部综合能力评价细则

<table>
<tr><th>评价项目</th><th>评价要点</th><th>总分</th><th>单项得分</th><th>评分标准</th><th>评价方式</th></tr>
<tr><td rowspan="4">一、人员配置</td><td rowspan="2">人员配置</td><td rowspan="4">40</td><td rowspan="2">20</td><td>（1）施工项目部人员配置需满足标准化项目部建设要求，原则上不宜少于 5 人，不满足要求扣 10 分。
（2）施工项目部应设置施工项目经理、技术员、安全员、质检员、造价员、信息资料员、材料员、施工协调员等管理人员，发现缺失一处扣 2 分;施工项目经理或安全员同时兼任其他岗位，发现一次扣 5 分。
（3）施工项目部承揽项目总投资超过省公司设置标准，发现一次扣 2 分</td><td>资料检查、现场检查</td></tr>
<tr><td>施工项目经理调整未办理变更手续，发现一次扣 10 分；其他管理人员调整未办理变更手续，发现一次扣 2 分</td><td>资料检查、现场检查</td></tr>
<tr><td>资质条件</td><td rowspan="2">20</td><td>施工项目经理、技术员、安全员、质检员、造价管理员、信息资料员、材料员、施工协调员等岗位从事人员不满足任职条件，发现一处扣 5 分，任职条件如下。
项目经理：取得相应的建造师注册证书，取得省级住房和城乡建设主管部门颁发的安全生产考核合格证 B 证。
安全员：取得省级住房和城乡建设主管部门颁发的安全生产考核合格证 B 证。
技术员：具有初级及以上技术职称或中级及以上技能等级，具有 2 年及以上同类型配电网工程施工技术管理工作经历。
质检员：持有电力质量监督部门颁发的相应质量培训合格证书，具有 2 年及以上配电网工程施工质量管理工作经历。
造价管理员：具有二级造价工程师及以上资格证书，具有配电网工程施工造价管理工作经历。
信息资料员：具有配电网工程施工资料及信息管理工作经历。
材料员：具有配电网工程施工物资管理工作经历。
施工协调员：熟悉国家、地方的相关法律法规，具有配电网工程现场综合管理工作经历，具有较强的组织协调能力</td><td rowspan="2">相关执业证书、社保证明等资料</td></tr>
<tr><td>持证作业</td><td>（1）施工单位电工作业取证比例低于 50%，每降低 1% 扣 1 分（电工作业取证比例 = 电工作业证取证人员数量 / 施工单位作业人员数量）。
（2）高、低压作业人员未持相应的电工作业证、高处作业证“双证”上岗，发现一人扣 1 分。
（3）带电、电缆、试验工作未实现 100% 持证作业，发现一处扣 1 分</td></tr>
</table>

续表

评价项目	评价要点	总分	单项得分	评分标准	评价方式
一、人员配置	教育培训	40	20	（1）未按业主要求组织配电网施工安全、工艺、质量等教育培训，扣 2 分。 （2）现场作业人员未通过必要的安全、技能培训考试，发现一人扣 2 分	资料检查、现场检查
二、资源配置	项目部建设	30	20	未在项目建设属地设置相对独立、固定的项目部驻地，扣 20 分；驻地建设不满足建设单位或工作任务要求，扣 10 分	现场检查
	设备配置		10	未配置满足实际需求的办公设备、主要技术装备、安全工器具、施工机具、交通工具等，或试验检验不合格，发现一项扣 2 分	现场检查
三、管理制度	制度建设	10	10	未制定必要的人员管理、装备管理、物资管理、安全管理、质量管理、进度管理等标准制度，缺少一项扣 3 分	资料检查
	制度上墙			未将项目部铭牌、人员配置图、职责牌及其他应上墙图板上墙，发现一项扣 2 分	现场检查
	制度执行			未规范开展安全工器具、施工机具等的台账建立，缺少进出库、试验、检查等的记录，发现一次扣 1 分；工程物资领用、退库、试验检查等无相关过程记录，发现一次扣 1 分	资料检查
				未落实安全管理、教育培训、应急演练、投诉及舆情管控等制度要求，发现一次扣 1 分	资料检查、现场检查
				没有专用场地存放或无专人管理工程物资，扣 5 分；工程物资分类不清、设备材料未妥善保管，发现一处扣 1 分	现场检查
	合同管理			未在规定时限内签订合同（施工单位责任），发生一次扣 5 分	资料检查
四、优质服务	服务质量	20	20	（1）被县区公司及以上单位通报负有施工责任的质量问题，根据问题严重程度，发生一次扣 1 ~ 4 分。 （2）当项目进度未严格按工程阶段性进度计划按时完成时，施工未采取相关措施，发生一次扣 1 分。 （3）未按照规定应用配电网工程相关信息化系统，发生一次扣 2 分。 （4）因施工责任引起属实投诉，发生一次扣 2 分。 （5）未及时响应业主提出的其他管理要求，发生一次扣 2 分	资料检查、现场检查

D2　配电网工程施工项目部工程实施质量评价细则

评价项目	评价要点	总分	单项得分	评分标准	评价方式
一、安全管理	施工组织	25	10	无计划施工或超计划随意扩大工作范围，发现一次扣10分	现场检查
				未对施工班组成员开展安全技术交底，安全措施、危险点分析不到位，发生一次扣5分	现场检查
				“三措一案”编制不完善或不符合现场实际，发生一次扣2分	资料检查、现场检查
				未按规定执票作业，发生一次扣10分；执行不规范，发生一次扣1分	现场检查
	风险管控			未进行有效现场勘察，未填写现场勘察单，发生一次扣5分；勘察记录不完整，发生一次扣1分	资料检查、现场检查
				未开展安全风险等级辨识或辨识错误，发生一次扣2分	资料检查、现场检查
				到岗到位管控缺失或问题闭环整改不及时，发生一次扣2分	资料检查、现场检查
	文明施工		5	未在作业现场严格执行相应的安全文明措施，发现一次扣1分	现场检查
				发生施工责任属实投诉或负面舆情，发生一起扣5分	系统取数
	现场安全管理		10	发生一般违章、Ⅲ类、Ⅱ类、Ⅰ类严重违章分别扣1、2、3、4分；违章考核未按期完成整改，发生一次扣1分	系统取数
二、质量管理	施工工艺	20	6	未严格落实《配电网施工检修工艺规范》（Q/GDW 10742—2016）和《配电网工程工艺质量典型问题及解析》要求，现场施工工艺不合格，发生一次扣1分	现场检查
				未按图施工（包含施工图、设计变更图），发现一次扣1分	资料检查、现场检查
				现场未执正确的施工图施工，发生一次扣1分	现场检查
				供应商对材料设备没有进行必要的检验或经检验不合格仍然使用的，发生一次扣2分；在工程竣工前发生质量缺陷，发生一次扣4分	现场检查
	关键工序		6	隐蔽工程未提前48h通知监理项目部，发生一次扣1分	系统取数
				未在现场监理员在场情况下实施关键工序，发生一次扣1分	资料检查、现场检查
				未按要求留存隐蔽工程图像资料，发生1次扣1分	资料检查、现场检查
	工程验收		8	单项工程未开展施工自检，每项工程扣2分；在工程自检完成、申请业主项目部验收后，业主验收发现自检未发现隐患，每处扣0.5分	资料检查
				未及时开展工程报验，扣3分；报验资料不规范、不完整，发生一次扣1分	资料检查
				工程存在重大质量问题或无法通过竣工验收，扣8分；对施工存在的质量问题，未及时整改并反馈，发生一次扣1分；工程带缺陷投运，发现一处扣2分	资料检查、现场检查

续表

评价项目	评价要点	总分	单项得分	评分标准	评价方式
三、进度管理	施工进度管理	15	15	未按要求报施工计划和开工审批，未配合业主办理开工审批手续，扣3分	资料检查、现场检查
				因施工单位原因造成停电计划改期、取消、延迟送电，发生一次扣3分	资料检查
				因施工责任未按项目进度节点完成工程施工，扣10分	资料检查
				因施工单位原因，物资未及时接收，发生一次扣3分	资料检查
四、队伍管理	准入管理	10	5	作业人员不在有效名录内，发生一次扣2分	资料检查
				现场作业人员无证上岗、人证不相符、证件过期，辅助工超范围作业，发生一次扣1分	资料检查
				施工人员人身意外伤害险不满足要求，发生一次扣1分	资料检查、现场检查
				施工作业期间变更现场作业人员且未报备，发生一人扣1分	现场检查
	分包管理		5	未按规定履行施工分包备案或审批手续，扣2分	系统取数、资料检查
				未及时、规范签订分包合同和安全协议，扣2分	资料检查
				劳务分包内容超出劳务作业范围，发生一次扣2分	资料检查
				未按分包合同约定及时拨付农民工工资，发生一次扣2分	资料检查
五、造价管理	设计变更与现场签证	20	5	需变更工程实施方案或工程量，未履行项目设计变更及现场签证手续，扣1分；私自变更工程量，扣5分	资料检查、现场检查
				项目设计变更和现场签证手续不规范、不及时，扣1分	资料检查、现场检查
	结算报审		15	未按照施工设计图纸、工程设计变更及现场签证单核对施工工程量，扣2分	资料检查、现场检查
				在工程竣工后3个工作日内未向设计单位提交经监理确认的竣工草图，扣2分	资料检查、现场检查
				结算书工程量超出四方确认工程量，扣10分；结算书未在竣工投产后2个月内报审或未按审计意见及时完成整改，扣5分	资料检查、现场检查
				结算书编制不完整、不规范或定额套用、费率计取不正确，发现一处扣0.5分	资料检查
				物资清退流程不规范、不及时，扣1分	资料检查
				工程竣工后，存在结余物资应退未退，废旧物资应拆未拆、应收未收或移交不及时，各扣5分	资料检查、现场检查
六、档案管理	档案规范性	10	5	因施工单位自身原因，未及时完成施工资料的收集、整理、移交，发生一起扣2分	资料检查
				移交的施工资料不规范、不完整，发生一次扣1分	资料检查
	信息管理		5	未按要求使用相关管理系统及移动App等，扣5分	系统取数
				未按要求规范使用相关管理系统及移动App等，上传数据不及时、不真实、不准确，发生一次扣1分	系统取数

D3 配电网工程施工项目部履约评价否决项条款

评价项目	评价要点	否决项条款	评价方式
发生以下情况之一否决项的，本周期直接认定为0分	企业失信	被省、市政府相关机构和部门认定为黑名单或失信企业；因违反相关规定，被省、市公司列入“黑名单”的	资料检查
	安全事故	因供应商原因导致安全事件或六级及以上质量事件，其他对公司造成严重不良影响的安全事件的	资料检查、现场检查
	经营合规	发生违法转包或违规分包的	资料检查、现场检查
	廉洁从业	借工程建设向用户乱收费、乱摊派、吃拿卡要；发生与承揽工程相关的廉政违法违纪情形，被通报或处理的	资料检查、现场检查
	负面事件	发生拖欠农民工工资、群体性信访等其他给公司造成负面影响的事件	资料检查、现场检查
	合同履约	因供应商原因导致合同终止，且严重影响工程建设进度或电网安全运行的	资料检查、现场检查

D4 配电网工程施工项目部履约评价直接加分、减分项

评价项目	评价要点	评分标准	评价方式	备注
直接加分项	优质工程	上年度，获得国网公司配电网工程质量评价前100名，加4分；获得省公司配电网工程质量评价前列，每项加2分	资料检查	单个项目按最高荣誉加分，不重复加分。此项最高加4分
	质量管理	发现物资安全、质量问题，省公司出具物资不良供应商处理意见的，每项加1分	资料检查	
	安全管理	发现重大安全问题，及时下达工程暂停令予以制止，被建设管理单位通报表扬的，每项加1分	资料检查	
	标准化项目部建设	上年度，标准化项目部建设工作突出，获得省公司级荣誉称号，每项加2分；获得国网公司级荣誉称号，每项加5分	资料检查	省公司级荣誉称号，每项加2分。国网公司级荣誉称号，每项加5分
	应急抢险	在自然灾害抢险、抢修等工作中做出突出贡献的，加1 ~ 2分	资料检查	此项最高加2分
	施工转型升级	通过国网公司配电网工程施工转型升级达标验收，加6分；通过省公司配电网工程施工转型升级达标验收，加3分	资料检查	此项最高加6分
	创新应用	应用新技术、新装备、新工艺或其他管理创新举措等提高工程建设质效的，经省公司组织认定，加1分；积极响应配合协助业主或独立完成国网、省公司级科技项目获得荣誉，国网公司级的每项加2分，省公司级的每项加1分	资料检查	以文件为依据：国网公司级的每项加2分，省网公司级的每项加1分
直接减分项	缺陷整改	质保期内，因施工、设计、监理方责任引发的质量问题，发生缺陷不配合整改的，扣2 ~ 5分	系统取数、资料检查	
	一般缺陷	质保期内，因服务类供应商原因，引起投运后设备一般缺陷（对设备和人身安全威胁不大，可借设备停电检修时再进行处理的缺陷），扣1分	系统取数、资料检查	
	严重缺陷	质保期内，因服务类供应商原因，引起投运后设备严重缺陷（对设备和人身有一定的威胁，设备可以带病运行，并可以采取防止人身事故的临时措施，但必须列入近期停电计划来消除的缺陷），扣1分	系统取数、资料检查	
	危急缺陷	质保期内，因服务类供应商原因，引起投运后设备危急缺陷（直接威胁设备和人身安全，随时都有发生事故的可能，需要立即处理的缺陷），扣4分	系统取数、资料检查	
	引发故障但未构成电网质量事件	质保期内，因服务类供应商原因，引起投运后设备故障但未构成六级及以上电网质量事件，扣1 ~ 4分	系统取数、资料检查	
	巡视巡查问题	省公司级及以上巡视巡查、审计等检查工作，发现因供应商原因导致的问题，每项扣1 ~ 5分	资料检查	

附录 E　项目部管理资料清单

国网山东省电力公司
配电网工程档案资料目录（2020 版）

一、综合性档案资料目录

说明：按项目下达批次进行整理。

1. 上级配电网工程管理文件及通知

说明：国网、省、市公司下发的文件、通知。

2. 可行性研究相关文件

说明：可行性研究报告、估算书等，最终收口版，与批复文件对应。

3. 初步设计相关文件

说明：初步设计文本（含可研初设一体化文件）、概算书、图纸、物资清册等，最终收口版，与批复文件对应。

4. 项目批复文件

说明：可研、初设、投资计划等相关批复及项目明细表、项目调整备案表。

5. 服务类招投标、中标文件、中标单位资质、框架协议及合同

说明：服务类招标文件、中标单位投标文件，中标单位资质文件扫描件；合同（必须包含中标通知书、与合同对应的框架协议扫描件）。

6. 各项目部成立文件、人员任命文件、有关资质证明和报审文件、法人授权书等

7. 配电网工程协调会、例会、设计联络会通知、纪要等会议文件

说明：含业主项目部组织设计单位、监理、施工、甲方代表开展的图纸会审、技术交底、工程协调等会议资料。

8. 工程通用施工图纸（蓝图）

说明：由设计中标单位提供。

9. 工程总体总结、效益分析报告

说明：由业主项目部提供。

10. 工程总体验收报告

11. 业主、监理、施工项目部综合评价表、设计质量评价表

12. 工程移交协议书

说明：由建设管理部门提供。

13. 工程审计报告

说明：由审计单位提供。

二、单体工程档案资料目录

说明：业主、施工、监理、设计单位按职责分工负责整理；监理单位负责审核把关。建设管理单位印章为公司公章或业主项目部章。

1. 施工图纸

说明：由中标设计单位提供蓝图，通用施工图纸除外。

2. 安全及技术交底记录

说明：由监理单位提供；安全及技术交底各一份；交底人为设计、业主、监理单位及甲方代表，接收方为施工中标单位。

3. 拆旧材料明细表

说明：由施工单位提供；主要设备、材料与改造前基本情况数量一致，主材、设备退库或报废与物资对应、闭环；无拆旧工程无须提供。

4. 施工方案（措施）报审表及施工“三措一案”

说明：由施工单位报送；施工单位报审时间为开工前 2 周。

5. 项目进度实施计划（施工计划）

说明：由施工单位结合业主项目进度实施计划编制。

6. 改造前基本情况及示意图

说明：由设计单位提供；见施工图纸。

7. 工程开工报审表及工程开（停、复）工报告

说明：由施工单位报送；开工报审表日期为开工前 3 天，开工报告日期为开工当天；停、复工报告数量一致。

8. 施工安全管理及风险控制方案

说明：由施工单位提供；按单体工程编制。

9. 主要设备开箱申请表

说明：由施工单位提供；申请表后附设备装箱单、产品合格证、说明书、出厂试验报告、出厂图纸等开箱资料原件。

10. 土建施工记录

说明：由施工单位提供；包括箱式变压器基础、电缆沟槽、杆塔基础等测量施工记录，地基处理、桩基施工、混凝土浇筑等记录。

11. 电气安装记录，调试、试验报告

说明：由施工单位提供，附设备调试报告。

12. 隐蔽工程验收报告

说明：由施工单位提供；由业主、施工、监理、设计单位及甲方代表负责实施，附隐蔽工序照片。

13. 中间质量控制记录

说明：由施工单位提供；含中间验收；由施工、监理单位负责实施，可根据验收时间填写。

14. 设计变更通知单及报审文件

说明：由施工单位提供；业主、施工、监理、设计四方签章；无变更的不附此单。

15. 工程三级验收记录

说明：由施工单位提供（自检、队检、公司检）。

16. 工程竣工验收申请表

说明：由施工单位提供；实际竣工时间前 2 日。

17. 工程竣工报告

说明：由施工单位提供。

18. 工程验收报告

说明：由业主单位提供；实际竣工时间后，四方签章。

19. 缺陷整改记录

说明：由施工单位提供；有缺陷的一周内完成整改，无缺陷的不附此单。

20. 现场签证审批单

说明：由监理单位提供；根据现场实际及相关资料，由施工项目部发起；无变签证的不附此单。

21. 工程项目竣工基本情况

说明：由业主单位提供；对建设情况和工程量进行说明。

22. 拆旧物资交接明细清单

说明：由施工单位提供；对应拆旧材料明细表；无拆旧工程不附此单。

23. 工程竣工图纸

说明：由设计单位提供；竣工图必须为蓝图，由施工单位提供竣工资料。

24. 工程结算书

说明：由施工单位提供；为审定定案后的结算书（工程竣工后 60 日内完成结算书审定）。

25. 工程照片

说明：由监理单位及施工单位提供；包括工程施工关键阶段、工序、隐蔽工程照片，工程改造前、改造后照片。

三、监理文件档案资料目录

1. 监理规划

说明：监理规划要和工程实际情况结合（按照批次编制），要有针对性。

2. 监理机构、监理总工程师、监理人员任职及资格证书

说明：有人员及机构调整时，动态更新。

3. 工程预付款及进度款、施工器械等报审文件

说明：监理单位严格要求。

4. 监理会议纪要

说明：监理单位根据要求，定期按时召开。

5. 监理工作联系单

说明：含整改通知书，与施工单位单体工程资料（例如会议纪要、整改后回复单等）保持闭环。

6. 监理旁站记录、日志、月（周）报、隐蔽工程验收记录

7. 监理工程量确认单

说明：与竣工图纸最终建设规模一致。

8. 监理工作总结

9. 工程质量总体评价、安全质量事故报告

说明：监理单位提供；按批次编制。

附录 F　施工项目部上墙图板目录

序号	标识名称	参考规格（mm）	单位	数量	材料工艺	备注	样板（参考）
1	施工项目部铭牌	600×400	块	1	薄框铝合金焗漆丝印	项目部办公室大门外侧悬挂项目部铭牌；铭牌应清晰、简洁，并有项目所属公司名称、施工项目部名称等	XXX工程公司 XXXXX配网工程 施工项目部
2	项目部组织机构图	1200×800	块	1	采用黑体字，图板设置距地高度1.5m	项目部人员组织架构图；组织架构应包括项目部各岗位名称、人员姓名、照片等	***公司（施工单位）logo 项目部组织机构图 配网工程施工项目部
3	座位岗位牌	170×100	块	—	薄框铝合金焗漆丝印	数量按实际人数定，置于办公座位	***公司（单位名称）logo 姓名： 岗位：资料信息员
4	施工项目部职责	1200×800	块	—	内容采用黑体字，图板设置离地高度1.5m	包含项目部职责及各岗位职责，每个岗位职责1个图板	***公司（施工单位）logo 施工项目部职责 配网工程施工项目部

续表

序号	标识名称	参考规格（mm）	单位	数量	材料工艺	备注	样板（参考）
5	配电网工程防触电、防高坠、防倒杆“三十条”工作措施	1200×800	块	1	内容采用黑体字，图板设置离地高度 1.5m		国家电网 STATE GRID 配网工程防人身事故“三十条措施”
6	配电网工程安全管理“十八项”禁令	1200×800	块	1	内容采用黑体字，图板设置离地高度 1.5m		国家电网 STATE GRID 配电网工程安全管理“十八项”禁令 1.严禁转包和违规分包。 2.严禁施工人员无证作业。 3.严禁未经安全培训进场作业。 4.严禁劳务分包人员担任工作负责人。 5.严禁无票、无施工方案作业。 6.严禁不交底开展施工。 7.严禁约时停、送电。 8.严禁施工人员操作运行设备。 9.严禁工作负责人（监护人）擅自离岗。 10.严禁擅自扩大工作范围。 11.严禁擅自变更现场安全措施。 12.严禁使用未经检验或不合格安全工器具。 13.严禁不验电、不挂接地线施工。 14.严禁不打拉线放、紧线。 15.严禁杆基不牢登杆作业。 16.严禁登高不系安全带。 17.严禁抛掷施工材料及工器具。 18.严禁有限空间未通风、未检测进行作业。
7	生产现场作业“十不干”	1200×800	块	1	内容采用黑体字，图板设置离地高度 1.5m		国家电网 STATE GRID 生产现场作业“十不干” 一、无票的不干； 二、工作任务、危险点不清楚的不干； 三、危险点控制措施未落实的不干； 四、超出作业范围未经审批的不干； 五、未在接地保护范围内的不干； 六、现场安全措施布置不到位、安全工器具不合格的不干； 七、杆塔根部、基础和拉线不牢固的不干； 八、高处作业防坠落措施不完善的不干； 九、有限空间内气体含量未经检测或检测不合格的不干； 十、工作负责人（专责监护人）不在现场的不干。

序号	标识名称	参考规格（mm）	单位	数量	材料工艺	备注	样板（参考）
8	施工进度计划表	建议 2000×1200	块	1	内容采用黑体字，图板设置离地高度 1.5m	选配；尺寸根据墙体面积与项目数量适当调整	***公司（施工单位名称）logo 配网工程施工项目部
9	参建单位概况	1200×800	块	1	内容采用黑体字，图板设置离地高度 1.5m	选配；中标单位简要情况介绍；设置在办公室外	***公司（施工单位名称）logo 配网工程建设参建单位 项目法人：国网山东省电力公司 建管单位：国网山东省电力公司 设计单位： 监理单位： 施工单位： 配网工程施工项目部
10	工程项目概况	1200×800	块	1	内容采用黑体字，图板设置离地高度 1.5m	选配；施工项目部负责实施工程简要情况介绍；设置在办公室外	***公司（施工单位名称）logo 配网工程项目概况 配网工程施工项目部

续表

序号	标识名称	参考规格（mm）	单位	数量	材料工艺	备注	样板（参考）
11	安全文明施工管理目标、进度管理目标等目标牌	1200×800	块	1	采用黑体字，图板设置距地高度1.5m	设置在会议室	***公司（施工单位名称）logo 配网工程安全管理目标 配网工程施工项目部
12	应急救护联络方式等	1200×800	块	1	采用黑体字，图板设置距地高度1.5m	设置在会议室	***公司（施工单位名称）logo 应急救护联络方式 报警电话：110 火警电话：119 急救电话：120 交通事故：122 项目负责人电话： 地方医院电话： 启动救护应急预案：触电物体打击、高处坠落、车辆伤害、机械伤害、火灾救护应急预案 应急救护程序：紧急救护、联系救护、保护现场、情况上报 配网工程施工项目部

附录 G　生产作业现场“十不干”

一、无票的不干；

二、工作任务、危险点不清楚的不干；

三、危险点控制措施未落实的不干；

四、超出作业范围未经审批的不干；

五、未在接地保护范围内的不干；

六、现场安全措施布置不到位、安全工器具不合格的不干；

七、杆塔根部、基础和拉线不牢固的不干；

八、高处作业防坠落措施不完善的不干；

九、有限空间内气体含量未经检测或检测不合格的不干；

十、工作负责人（专责监护人）不在现场的不干。